有性生殖 × 免疫系統 × 感覺行為 × 人類演化，進入高階生命的內在結構

朱欽士 著

生命進階

從繁殖機制到

意識誕生

A BRIEF HISTORY OF LIFE: CONSCIOUSNESS

繁殖不只是延續生命，
更是生命走向複雜的起點！

從性別決定到感覺系統，每一項功能都經歷千萬年演化試煉

目 錄

第八章　生物的繁殖方式　　005

第九章　與生物如影隨形的病毒世界　　033

第十章　生物之間的協同、攻防與競爭　　047

第十一章　生物的壽命祕密　　085

第十二章　動物的感覺系統　　121

第十三章　動物的意識和智力　　183

第十四章　人類的誕生歷程　　217

參考文獻　　251

目錄

第八章

生物的繁殖方式

第八章　生物的繁殖方式

　　生物體是地球上（如果還沒有證明是宇宙中）最複雜的結構，然而越是複雜的系統，出毛病的機率就越高。生物體的高度複雜性既為生命活動所必須，又使生物體變得脆弱，無法成為永遠不出毛病的金剛不壞之身。要使物種能夠延續下去，唯一的辦法就是用新的個體來代替老的個體，這就是生物的繁殖。

　　生物有兩種繁殖方式──無性生殖與有性生殖。前者由單個生物體透過細胞分裂就可以實現，主要是原核生物的繁殖方式；而後者需要來自兩個生物體的細胞融合，是真核生物的主要繁殖方式。

第一節　生物的無性生殖

　　無性生殖透過單個生物體的細胞分裂就可以完成，不涉及雄性和雌性。對於單細胞生物（無論是原核生物還是真核生物）來說，無性生殖就是細胞一分為二。DNA 先被複製，然後細胞分為兩個，各帶一份遺傳物質。新形成的子細胞和分裂前的母細胞遺傳物質相同，是母細胞的複製。

　　但是對於多細胞的動物，一分為二就比較困難了。水螅的身體只有兩層細胞，可以進行出芽生殖，即在軀幹上長出小水螅，再脫落變成新的水螅（參見圖 5-2）。但是對於結構更加複雜的動物，用分身術來繁殖就困難了，即使如螞蟻、蝗蟲這樣的低等動物，都不可能用出芽或分身的方式來繁殖後代。

　　動物和真菌採取的辦法，是把 DNA 包裝到單個特殊的細胞中，再由這個細胞發育成一個新的生物體。例如，產生青黴素的真菌青黴，就透過菌絲頂端細胞的細胞分裂，形成孢子，孢子被風或者水流帶到新的地

第一節　生物的無性生殖

方，再長出新的青黴。動物中的雌蚜蟲也可以透過細胞分裂產生一些特殊的細胞，再由這些細胞發育成為完整的雌蚜蟲，而不需要雄蚜蟲。

植物要靈活一些，可以由營養器官（根、莖和葉）在脫離母體以後直接發育成一個新的個體。例如，馬鈴薯的塊莖就可以長出新的馬鈴薯植株；落地生根在葉片邊緣長出帶有根的幼芽，脫離母體後也可以長成新的植株。

無性生殖的方式簡單有效，常常可以在短時間內產生大量的個體，同時也有缺點，就是只能產生自己的複製，遺傳物質被禁錮在每個生物個體和它的後代身體之內，只能單線發展，與同類生物別的個體中的遺傳物質沒有關係。也就是說，每個生物體在 DNA 的演化上都是獨立工作者，對於自己和自己後代 DNA 的變化後果自負，某些個體中 DNA 新出現的有益變異也無法和別的個體共享。

對於單細胞生物來說，這通常不是問題。單細胞生物一般繁殖很快，在幾十分鐘裡就可以繁殖一代。那些具有 DNA 有益變異的個體很快就可以在競爭中脫穎而出，成為主要的生命形式，差一點的就會被淘汰了。單細胞生物每傳一代，就有約 3／1000 的細胞 DNA 發生突變，其中一些突變能使生物適應新的環境。透過迅速的改朝換代，單細胞生物通常能比較順利地適應環境的變化。

但是對於多細胞生物來講，這個策略卻不理想。每個被淘汰的個體都含有成千上萬甚至上億的細胞，代價太大，而且多細胞生物換代比較慢，常常需要數星期、數月，甚至數年才能換一代，演化趕不上環境變化。在環境條件變化比較快的時候，這些只能進行無性繁殖的物種就有可能因不能及時適應環境的變化而滅絕。

同一物種中不同個體的 DNA 序列是有差別的，如果有一種方法使同

第八章　生物的繁殖方式

一物種中不同個體的遺傳物質結合，就能比較快地導致遺傳物質的多樣化，對於物種的繁衍是非常有利的，這就是透過生殖細胞的融合來繁殖後代的有性生殖。

第二節　有性生殖和兩性的由來

有性生殖是透過同種生物不同個體的細胞融合而實現的。用於融合，產生下一代的細胞就叫做生殖細胞，它導致同一物種中雄性和雌性的分化。

有性生殖產生的後代由於遺傳物質來自不同的個體，它們就不再是上一輩個體的複製。來自不同生物體，彼此結合的生殖細胞叫做配子，有配合、交配之意，以區別於沒有細胞融合的孢子。

比起無性生殖，有性生殖要麻煩得多，例如，動物的有性生殖就涉及尋偶、求偶、交配等過程，而且還可能遇到同性個體的競爭甚至打鬥，具有一定的危險性；植物的有性生殖也需要發展出專門的性器官，還需要使生殖細胞彼此融合。但是幾乎所有的真核生物都採用有性生殖的方式來產生後代，說明有性生殖一定有無性生殖所不具備的優點。歸納起來，有性生殖的優點主要有以下幾個。

一是拿現成。DNA 的突變速度是很慢的，如人每傳一代，DNA 中每個鹼基對突變的機率只有 $1/1\times10^9$，也就是在大約 30 億個鹼基對中，只有 30 幾個發生變異，而且這些變異還不一定能改變基因的功能。而來自兩個不同生物個體的生殖細胞融合，卻可以立即獲得對方已經具有的有益變異形式，實現遺傳物質的資源共享。

二是補缺陷。兩份遺傳物質結合，細胞中 DNA 分子就有了雙份。

如果其中一份遺傳物質中有一個缺陷基因，另一份遺傳物質很可能在相應的 DNA 位置上還有一個完整基因，有可能彌補缺陷基因帶來的不良後果。

三是備模板。由於有兩份 DNA，一個 DNA 分子上的損傷可以用另一個 DNA 分子為模板進行修復。

四是基因洗牌。在形成生殖細胞的過程中，來自父親和母親的染色體會隨機分配到生殖細胞中去，而且來自父親和母親的 DNA 還會發生對應片段之間的交換，相當於對來自父親和母親的基因重新洗牌，讓來自父親和母親的基因隨機組合，存在於同一個染色體中。基因洗牌可以進一步增加下一代 DNA 的多樣性，使整個種群能夠更好地適應環境。

由於有性生殖的這些優越性，單細胞的真核生物就已經開始有性生殖，例如，綠藻中的衣藻在營養缺乏時，會在它們的細胞表面分泌兩種凝集素蛋白，分別為正型和負型。這兩種凝集素蛋白能彼此結合，導致正型和負型的衣藻細胞融合，形成合子（圖 8-1）。

在這個過程中，衣藻細胞自己就變成了生殖細胞，或者叫配子。彼此融合的衣藻細胞在大小和結構上都相同，只是它們細胞表面的凝集素類型不同，所以這類有性生殖叫做同配生殖，兩個配子叫做同型配子。同型配子融合產生的合子分裂，形成 4 個新的衣藻。至於為什麼合子分裂時產生 4 個新的衣藻而不是 2 個，我們下面再講。

但是對於多細胞生物來講，情形就不同了，如由衣藻演化出來的多細胞生物團藻，可以含有多至 5 萬個細胞（參見圖 5-1）。要由一個合子發育成有如此多細胞的新個體，營養顯然是不夠的。配子變大自然可以攜帶更多的營養，但是配子一大，運動能力就差了，不利於彼此遇到。一個解決辦法是把營養功能和運動功能分開，一種配子專供營養，基本

第八章 生物的繁殖方式

上不動,另一種配子專門運動,除了遺傳物質以外,攜帶的東西越少越好。這樣配子就逐漸分化成為卵子和精子。卵子很大,帶有許多營養,數量較少,基本不動;而精子很小,數量眾多,擅長運動。產生卵子的生物就叫雌性生物,產生精子的生物就是雄性生物。這就是生物雌性和雄性的來源。

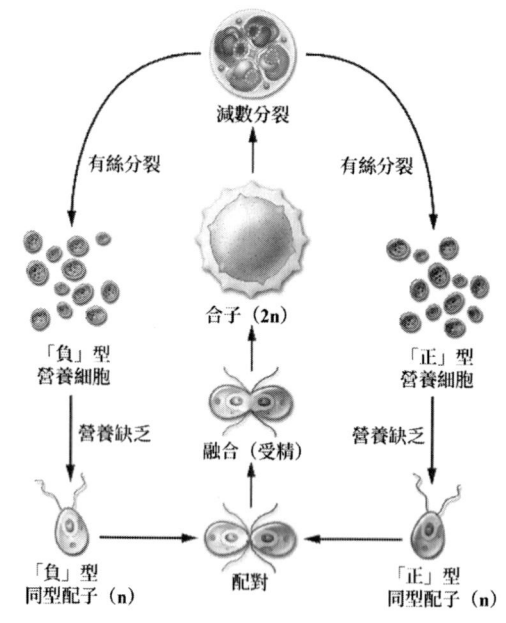

圖 8-1　衣藻的同配生殖

n 表示單倍體,即只有一份遺傳物質,2n 表示二倍體,有兩份遺傳物質。

這樣的生殖方式叫做異配生殖,精子和卵子也叫做異型配子。多細胞生物特別是由大量細胞組成的大型生物,都透過精子和卵子來繁殖後代,即使是像水螅這樣結構簡單的多細胞動物,就已經用精子和卵子來進行異配生殖(圖 8-2)。

不過細胞融合也會帶來嚴重的問題,如果不能加以解決,有性生殖就不能真正實現。減數分裂就是解決這個問題的方法。

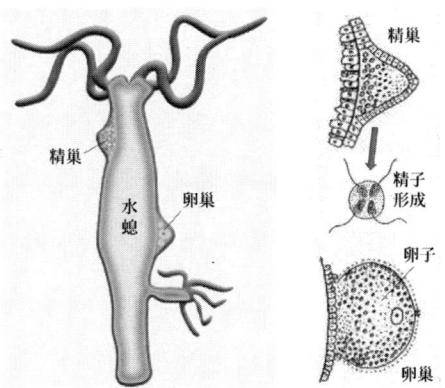

圖 8-2　水螅的異配生殖

第三節　減數分裂破解有性生殖難題

　　細胞融合產生的問題就是細胞裡面遺傳物質的份數會加倍。如果進行融合的細胞只含有一份遺傳物質，生物學上就叫做單倍體，兩個單倍體細胞融合產生的細胞就含有兩份遺傳物質，叫做二倍體。如果由這樣的融合細胞發育出來的生物是二倍體，產生的生殖細胞也是二倍體，兩個這樣的生殖細胞融合後的細胞就會是四倍體，再往下的生物就會依次變成八倍體、十六倍體、三十二倍體……如果是這樣，進行有性生殖的生物很快就會吃不消，哪個細胞也裝不下這樣以等比級數增加的遺傳物質。

　　出於這個原因，要用生殖細胞融合的方式來產生後代，就需要在形成生殖細胞時，遺傳物質的份數減半，成為單倍體，這樣兩個單倍體生殖細胞的結合，才不會產生上述遺傳物質呈等比級數增加的情形。這個使遺傳物質份數減半、形成單倍體生殖細胞的過程叫做減數分裂。

　　真核生物之所以能發展出減數分裂的機制，主要是由於兩個原因：

第八章　生物的繁殖方式

第一個原因是真核生物細胞新增的骨骼肌肉系統已經使真核細胞能進行有絲分裂（參見第三章第六節），而減數分裂只是在有絲分裂的基礎上進行修改。第二個原因是原核生物就已經發展出了修復 DNA 損傷的機制，可以導致 DNA 分子之間片段的交換。真核生物繼承了這套系統，在減數分裂時對父母雙方的基因進行洗牌。

減數分裂的過程

真核生物在進行減數分裂時，首先要複製 DNA。由於要進行減數分裂的細胞已經是二倍體的，在 DNA 複製後就會變為四倍體，需要兩次細胞分裂才能產生單倍體的精子和卵子（圖 8-3）。

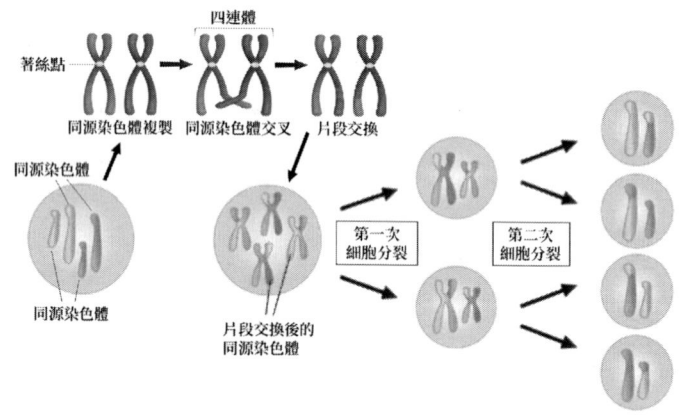

圖 8-3　減數分裂

DNA 複製後形成的兩條相同的 DNA 分子透過一個叫著絲點的地方相連，再和 DNA 上結合的蛋白質一起濃縮，形成一個 X 形狀結構的染色體，其中每條染色體叫做姊妹染色單體，它們的 DNA 序列完全相同。每個細胞含有兩套這樣 X 形狀的染色體，一套源自父親，一套源自母親，它們之間 DNA 的序列有一些差別，但還是彼此獨立。

第三節　減數分裂破解有性生殖難題

　　在進行第一次細胞分裂時，來自父親的染色體和來自母親的同源染色體（DNA 序列和基因排列都基本一致）彼此結合，基本相同的 DNA 序列相鄰排列。由於每個染色體含有兩條染色單體，這樣形成的結構叫做四聯體。在四聯體中，同源染色單體相互交叉，進行 DNA 片段交換，即同源重組。

　　在同源重組後，連接兩條姊妹染色單體的著絲點彼此融合，這樣每個染色體就只有一個著絲點能與紡錘體中的微管相連，相當於有絲分裂中的染色單體。細胞分裂時，兩個同源染色體就彼此分開，分別進入兩個子細胞，使細胞中染色體的數量減半。這時每個同源染色體仍然含有兩條染色單體，其中的一些已經發生了 DNA 片段的交換。

　　在第二次細胞分裂中，每個染色體中的染色單體（姊妹染色體）彼此分離，進入不同的子細胞。這樣，最後形成的生殖細胞就只含有一份遺傳物質，是單倍體，不會發生細胞融合造成的遺傳物質份數按指數增加的狀況，有性生殖就可以一直進行下去了。

　　由於減數分裂需要細胞進行兩次分裂，最後形成的單倍體細胞是 4 個，而不是有絲分裂的兩個。這就可以解釋為什麼衣藻細胞融合後會形成 4 個新的衣藻。

同源重組的來源和機制

　　真核生物的同源重組機制是從原核生物繼承下來的。原核生物基本上是單細胞生物，個頭很小，只有 1 微米左右，DNA 又是高度複雜而且脆弱的分子，高能射線（如紫外線）的照射就能使它斷裂。為了生存，原核生物發展出了修復 DNA 損傷的機制，原核生物是單倍體，細胞裡面只有一份遺傳物質。在細胞分裂前，DNA 會進行複製，這樣在下一輪細胞

第八章　生物的繁殖方式

分裂前，原核生物就會暫時具有兩份遺傳物質。如果其中一份DNA發生兩條鏈都斷裂的情況，就可以依託另一份完整的DNA進行修復，其中一種修復機制就可以造成兩份DNA之間的片段交換（圖8-4）。

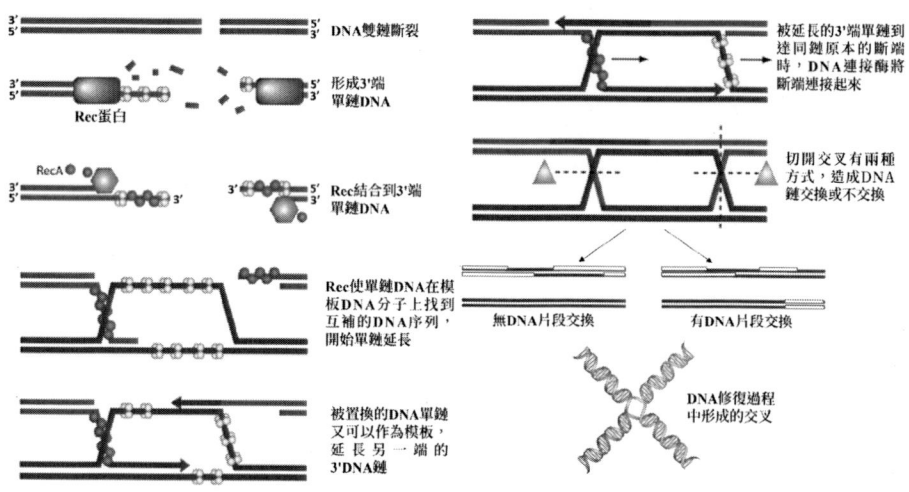

圖8-4　DNA同源重組的機制

在這個修復過程中，DNA的斷端被切短，而且兩條鏈被切短的程度不一樣，形成其中一條鏈的單鏈，單鏈在完整DNA上尋找與自己相同的序列並且與之結合，然後以完整DNA鏈為模板進行延長。完整DNA上被斷端置換的鏈變成單鏈，又可以成為另一端斷鏈的模板，將斷端延長。當斷端被延長到原來的斷裂點時，DNA連接酶會將斷端連接在一起。由於新合成的鏈是以完整DNA為模板合成的，仍然和完整DNA鏈結合在一起的新合成鏈就使兩個DNA分子之間形成鏈的交叉。當交叉處的DNA鏈被切斷，原來的兩個DNA分子分別自己連接，彼此分開時，就有可能造成兩個DNA分子在這個區段的交換，即DNA鏈在交叉處互換。

對於原核生物來說，由於修復DNA的模板是原來DNA的複製品，這樣的片段交換並不會造成DNA序列的改變。但如果用於修復的模板來

自另一個細胞，DNA 序列不完全一樣，這樣的 DNA 片段互換就會使不同個體的 DNA 彼此混合。由於 DNA 片段交換發生於同源染色體之間，因此這種片段交換叫做同源重組。

為了增加重組的頻率，真核生物不再被動地等待 DNA 由於自然原因造成的斷裂，而是主動地創造這種斷裂。這就是一種叫做 Spo11 的酶的功能，它能在 DNA 分子上造成雙鏈斷裂，以模仿射線造成的 DNA 斷裂。動物、植物、真菌都含有 Spo11 類型的蛋白質，說明這個啟動同源重組的蛋白質已經有很長的歷史。

第四節　原核生物的性活動

原核生物不進行有性生殖，但是由於有性生殖的優點，原核生物也用一些方法來達到交換 DNA 的目的。

細菌的細胞裡面除了主要的 DNA 分子，還含有一些小的 DNA 環狀分子，叫做質粒。質粒也含有一些基因，可以透過細菌結合被輸送到另一個細菌中去，實現這些基因的資源共享（圖 8-5）。

在細菌結合過程中，一個細菌和另一個細菌之間先用菌毛建立連結，菌毛收縮，將兩個細菌拉在一起，建立臨時的 DNA 通道。其中一個細菌的質粒以單鏈 DNA 的形式傳給另一個細菌，自己留下一根單鏈。兩個細菌再用單鏈 DNA 為模板，合成雙鏈的質粒。

細菌結合可以發生在同種細菌之間，也可以發生在不同種細菌之間。轉移的基因常常是對接受基因的細菌有利的，如抵抗某些抗生素的基因，或者是利用某些化合物所需要的基因，所以是細菌之間分享有益基因的方式。

第八章　生物的繁殖方式

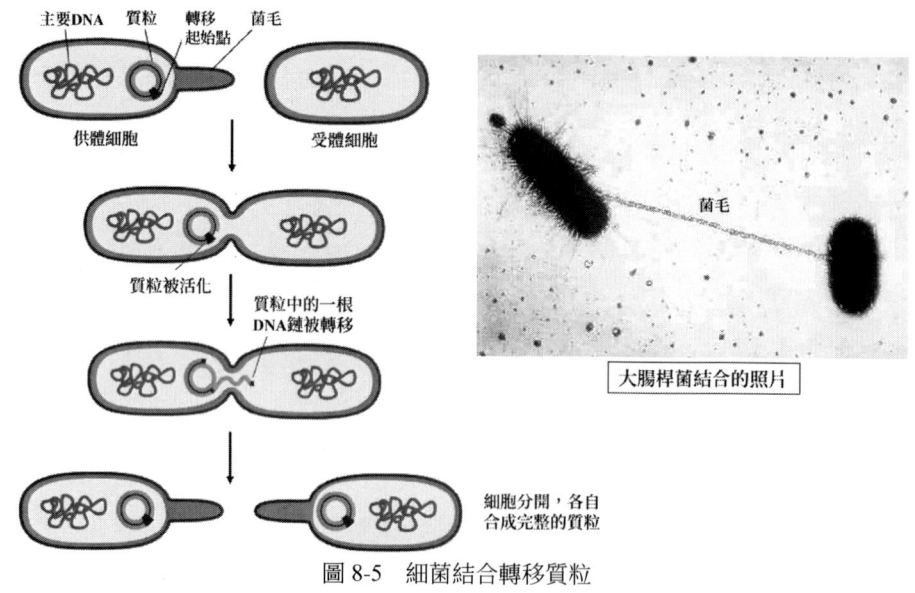

圖 8-5　細菌結合轉移質粒

第五節　動物決定性別的機制

　　動物最明顯的一個特點就是分雌雄二性。同一物種的雌性生物和雄性生物，在外貌和內部器官結構上都可以有很大的差別。獅子、孔雀還有人類，都是很好的例子。既然是同一物種的生物，基因也基本上是一樣的，為什麼身體可以有如此大的差別呢？是不是雄性動物擁有雌性動物所沒有的基因呢？

　　答案是在多數（不是所有）情況下，雄性動物和雌性動物擁有的基因確實有差別，而且這些有差別的基因位於特殊的染色體上，叫做性染色體，因為它和動物的性別有關。

| 第五節　動物決定性別的機制

動物的性染色體

在人類的 46 條染色體中，有 44 條可以配對，成為 22 對染色體，每一對染色體中，一條來自父親，一條來自母親，這兩條染色體的長短、結構、DNA 序列、所含的基因以及這些基因的排列順序都高度一致，叫同源染色體，或者叫常染色體。但是在男性中，卻有兩條染色體不能配對。它們不僅大小不同，DNA 序列和所含的基因也不同。長的一條叫 X 染色體，短的一條叫 Y 染色體，性染色體的組成是 XY。女性沒有 Y 染色體，而是含有兩條 X 染色體，性染色體的組成是 XX（圖 8-6 上）。

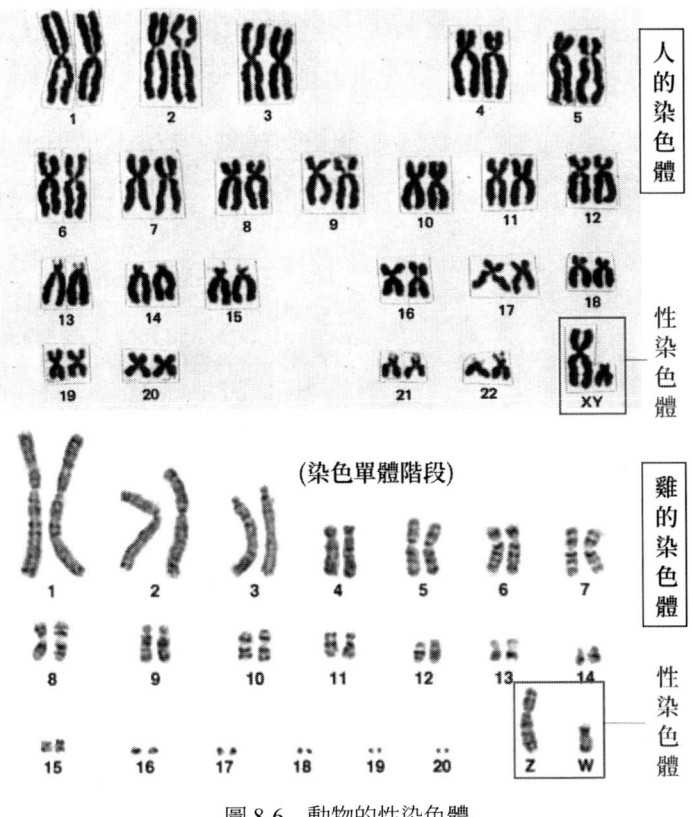

圖 8-6　動物的性染色體

017

第八章　生物的繁殖方式

其他哺乳動物的染色體數目不同，但是也用 X 和 Y 染色體來決定性別。XX 是雌性，XY 是雄性。除了哺乳動物，一些魚類、兩棲類、爬行類動物，以及一些昆蟲（如蝴蝶）也使用 XY 系統來決定性別。

如果因此就認為所有的動物都用 XY 系統來決定性別，那就錯了。鳥類就不使用 XY 系統。在鳥類中，具有兩個相同的性染色體（叫做 Z，以便與 XY 系統相區別）的鳥是雄性（ZZ），而具有兩個不同染色體的（ZW）是雌性。除了鳥類，某些魚類、兩棲類、爬行類動物以及一些昆蟲也使用 ZW 系統（圖 8-6 下）。

既然 XY 染色體和 ZW 染色體都是決定性別的染色體，它們所含的一些基因應該相同或相似吧。但出人意料的是，XY 染色體裡面的基因和 ZW 染色體裡面的基因沒有任何共同之處。就是同為 ZW 系統，蛇 ZW 染色體裡面的基因和鳥類 ZW 染色體中的基因也沒有共同之處。

因此僅從性染色體的類型是難以真正了解性別決定機制的，還應該研究決定性別的基因，因為性別的分化畢竟是靠基因的表達來控制的。

決定動物性別的 *DMRT1* 基因

決定人類性別的基因的線索來自所謂的性別反轉人：有些人的性染色體是 XY，卻是女性。研究發現，XY 女性的 Y 染色體上有些地方缺失，在缺失的區域內含有一個基因，如果這個基因發生了突變，XY 型的人也會變成女性。Y 染色體上含有這個基因的區域叫做 Y 染色體性別決定區（sex-determining region of Y，SRY），這個基因也就叫做 *SRY* 基因。進一步的研究發現，許多哺乳動物都有 *SRY* 基因，所以 *SRY* 基因是許多哺乳動物的雄性決定基因。

第五節　動物決定性別的機制

　　SRY 基因不直接導致雄性特徵的發育，而是透過由多個基因組成的性別控制鏈（圖 8-7 上）。*SRY* 基因的產物先是活化 *Sox9* 基因，*Sox9* 基因的產物又活化 *FGF9* 基因，然後再活化 *DMRT1* 基因。

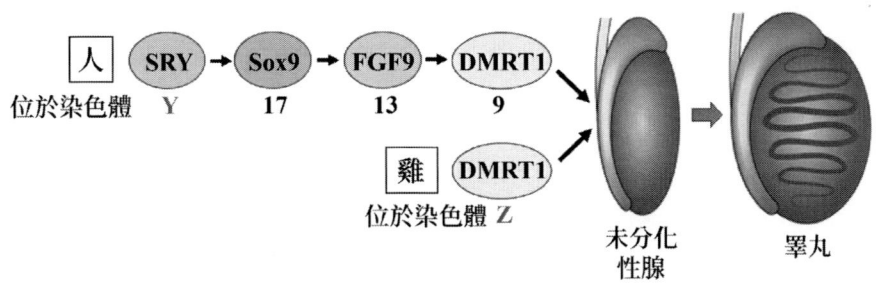

圖 8-7　人和雞的雄性控制基因

　　DMRT1 基因位於哺乳動物性別控制鏈的下游，人和老鼠 *DMRT1* 基因的突變都會影響睪丸的形成，說明 *DMRT1* 基因的確和雄性動物的發育直接有關。不僅如此，它還是鳥類的雄性決定基因，而且位於鳥類性別分化調控鏈的上游（它的前面沒有 SRY 這樣的基因）（圖 8-7 下）。*DMRT1* 基因位於鳥類的 Z 性染色體上，不過和人 Y 染色體上的一個 *SRY* 基因就足以決定雄性性別不同，鳥需要兩個 Z 染色體上面的 *DMRT1* 基因才能發育為雄性，所以擁有一個 *DMRT1* 基因的鳥類（ZW 型）是雌性。

　　DMRT1 基因雖然是決定動物性別的關鍵基因，但是在一些哺乳動物中，其地位卻受到排擠。不僅被擠到了性別決定鏈的下游，而且被擠出了性染色體。例如，人的 *DMRT1* 基因就位於第 9 染色體上，老鼠的 *DMRT1* 基因在第 19 染色體上。這就可以解釋為什麼哺乳動物的 XY 和鳥類的 ZW 都是性染色體，它們之間卻沒有共同的基因，因為它們所含的性別主控基因是不同的，在哺乳動物是 *SRY*，在鳥類則是 *DMRT1* 自己。哺乳動物的 *DMRT1* 基因不在性染色體上，而哺乳動物性染色體上主

第八章　生物的繁殖方式

控性別的 SRY 基因在鳥類身上又沒有，哺乳動物和鳥類的性染色體上沒有共同的性別控制基因就可以理解了。

DMRT1 基因的類似物甚至能決定低等動物的性別。例如，果蠅含有一個基因叫雙性基因，它轉錄的 mRNA 可以被剪接成兩種形式，產生兩種不同的蛋白質，其中一種使果蠅發育成雄性，另一種使果蠅發育成雌性。DMRT1 的另一個類似物 mab-3 和線蟲的性分化有關。所有這些蛋白質都含有非常相似的 DNA 結合區段，叫 DM 域，說明這個基因有很長的歷史，是從低等動物到高等動物（包括鳥類和哺乳類）一直使用的性別決定基因。哺乳動物不過是發展出了 Sox9 和 SRY 這樣的上游基因來驅動 DMRT1 基因而已。

不是所有的動物都使用 DMRT1 基因來決定性別

在蜜蜂和螞蟻中，雌性和雄性擁有的基因完全相同，只是遺傳物質的份數不同，有兩份遺傳物質的動物（二倍體）發育成為雌性，而只有一份遺傳物質的動物（單倍體）發育為雄性（圖 8-8 中）。

豹紋壁虎
攝氏26度孵化時為雌性
攝氏32.5度孵化時多為雄性

螞蟻
單倍體為雌性
二倍體為雄性

小丑魚
最大的為雌性
次大的為雄性

圖 8-8　一些動物的性別決定機制

温度也能夠決定一些動物的性別，例如豹紋壁虎的卵，在攝氏 26 度孵化時發育為雌性，攝氏 30 度時雌多雄少，攝氏 32.5 度時雄多雌少，到攝氏 34 度時又都是雌性（圖 8-8 左）。

有些動物還能在 DNA 不變的情況下改變性別，例如，住在海葵裡面的小丑魚中，最大的一條為雌性，次大的為雄性，更小的則與生殖無關（圖 8-8 右）。如果雌性小丑魚死亡，次大的雄性小丑魚就會變為雌性，原本沒有生殖任務的小丑魚中最大的那一條則會變為雄性。

這些事實說明，動物在性別決定上是非常靈活的，會根據環境條件決定採取什麼方式。

第六節　動物對有性生殖的回報系統

有性生殖的優越性，以及隨之而來的性器官的演化，可以保證動物的有性生殖是「能做」。但是僅僅「能做」，對動物來講還是不夠的。動物是有意識、是能主動做決定的生物，有性生殖也需要動物主動去「操作」。而有性生殖的尋偶、求偶、爭奪交配權、交配等過程是很麻煩，甚至是有危險的事情，如果沒有回報機制，給予從事有性生殖的動物好處，動物是不會主動去做的。換句話說，有性生殖不但要「能做」，動物還必須「想做」，否則有性生殖再優越也沒有用，因為動物並不會從認知上知道有性生殖的好處而主動去做。所以動物必須發展出某種機制，以保證種群中的性活動一定發生，否則動物的物種就有滅亡的危險。

動物採取的辦法就是讓被異性選擇和性活動這兩個過程產生難以抵抗的、強烈的精神上的幸福感和生理上的快感，這就是腦中的回報系統。

第八章　生物的繁殖方式

　　例如，人類的男性在進行性活動時，中腦的一個區域叫做腹側被蓋區（ventral tegmental area，VTA），其會活動起來，分泌多巴胺（圖 8-9 左）。多巴胺是一種神經傳導物質，在神經細胞之間透過突觸傳遞訊息（參見第六章第四節）。多巴胺被 VTA 分泌出來以後，移動到大腦的回報中心叫做伏隔核的地方，使人產生愉悅感。而且對於男性來講，射精是使精子實際進入女性身體的關鍵活動，沒有射精的性接觸對於生殖是沒有意義的，所以男性的性高潮總是發生在射精時，即對最關鍵的性活動步驟以最強烈的回報，以最大限度地促使射精過程發生。

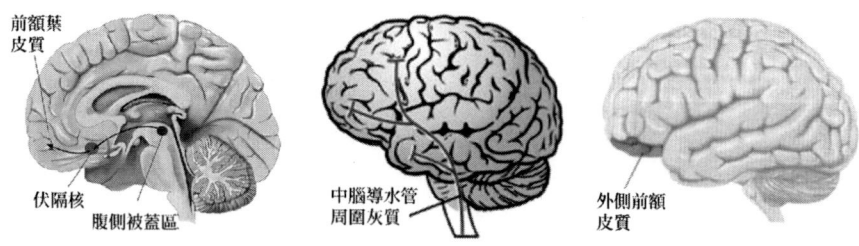

圖 8-9　人腦中與性活動有關的幾個區域

　　而女性在進行性活動時，腦幹中的一個叫做中腦導水管周圍灰質（periaqueductal graymatter，PAG）的區域被活化（圖 8-9 中），而杏仁核和海馬迴的活性降低。這些變化被解釋為女性需要感覺到安全和放鬆以享受性歡樂。

　　性高潮發生時，無論是男性還是女性，位於左眼後的一個叫做外側前額皮質的區域停止活動。這個區域的神經活動被認為是與推理和行為控制有關。性高潮時這個區域的活動被關掉，也許能使人摒棄一切外界的訊息，完全沉浸在性愛的感覺中（圖 8-9 右）。

　　初戀時，血液中神經生長因子的濃度會增加；性渴求時，性激素（如睪酮和雌激素）的分泌會加速。在愛戀期，大腦會分泌多種神經傳導物

質，包括多巴胺、正腎上腺素和血清素，使人產生愉悅感、心跳加快、不思飲食和失眠。配偶間長期的感情關係則由催產素和抗利尿激素來維持。催產素的作用並不只是促進分娩，而是和母愛、對配偶的感情（無論男女）有密切關係。抗利尿激素的結構和催產素相似，它的功能也不僅是收縮血管，而且也和配偶之間關係的緊密程度有關。

性活動所導致的生理上的快感和精神上愛的感覺都非常強烈，二者的結合使幾乎所有的人都無法抗拒有性生殖帶給我們的這種強大的驅動力。類似的現象也能在其他動物身上看到，雄性動物的求愛行為和為爭奪與雌性的交配權而發生的打鬥，說明動物也有同樣的對性活動的回報系統。

除了性活動，進食是動物另外一個必須進行的活動，不然物種就會滅亡。和性活動一樣，覓食、捕食、進食也是很麻煩甚至危險的事情，如果沒有一種機制使進食一定發生，動物也不會主動去做。我們的大腦對進食也發展出了回報系統。進食會產生愉悅感，包括對食物味道和氣味的享受以及進食後的滿足感，而飢餓則會產生非常難受的感覺。我們的祖先早就對這兩項非進行不可的活動有所了解，所以說：「飲食男女，人之大欲存焉。」（《禮記·禮運篇》）這是非常有見地的，抓住了動物兩個最基本的活動。人類對美食的愛好已經超出了攝取營養的目的，像人類的性活動超出了生殖目的一樣，都成為對回報效應本身的追求。

第七節　植物的有性生殖

植物和動物一樣，也能進行減數分裂，因此植物也普遍進行有性生殖以獲得更好的適應性。單細胞的衣藻就可以進行有性生殖（參見本章

第八章　生物的繁殖方式

第二節），植物登陸後，更是把有性生殖作為重要的繁殖方式。

不過比起動物來，植物又有自己的特點。動物在身體發育時，就會同時形成生殖器官，單獨保留生殖細胞，而且分雌雄。身體其他部分的幹細胞已經不是全能幹細胞，只能形成和替補所在組織的細胞，不能形成生殖細胞。而植物始終保持全能幹細胞，能在需要時形成生殖細胞，進行有性生殖。在多數情況下植物並不分雌雄，而是在同一株植物上同時產生雌性和雄性的生殖器官，如花就同時有產生精子的雄蕊和產生卵子的胚珠，也就是雌雄同株。性別分化主要是在器官層面上，而不是在個體層面上，在這種情況下植物也不使用性染色體。

植物也可以在不同的植株上分別產生雌性和雄性的生殖器官，即雌雄異株，雌株與雄株就可以擁有性染色體，而且像動物那樣採用 XX／XY 或者 ZZ／ZW 的形式，苔蘚植物則採用 U／V 的形式。

植物與動物的另一不同之處是，動物是以二倍體起家的，動物的祖先領鞭毛蟲（參見第四章第二節）就是二倍體，隨後發展出來的各種動物包括人類，都是二倍體。而植物是以單倍體起家的，植物的祖先雙星藻（參見第四章第八節）就是單倍體，這就處在相對不利的地位。有性生殖使植物能透過世代交替，即單倍體植株和二倍體植株交替出現，逐漸過渡到以二倍體為主的生活形式。

苔蘚植物的有性生殖

苔蘚植物是綠藻登陸後首先形成的植物（參見第四章第九節），從此開啟了陸上光合作用的時代。苔蘚植物的綠色植株和它們的綠藻祖先雙星藻一樣，都是單倍體，而且也進行有性生殖。

第七節　植物的有性生殖

　　苔蘚植物分為雌性和雄性，雌性產生卵子，而雄性產生精子。苔蘚植物也有性染色體，由於苔蘚植物是單倍體，不會有動物那樣的 XX ／ XY 或者 ZZ ／ ZW 的性染色體組成，而是採用 U ／ V 系統來決定性別：擁有 U 性染色體的為雄性，而擁有 V 性染色體的為雌性。

　　比起單倍體的藻類，苔蘚植物有一個具有重大意義的貢獻，就是產生了二倍體的生活形式。

　　雙星藻和衣藻一樣，受精卵形成後，直接進行減數分裂，形成單倍體的藻細胞，因此二倍體僅存在於受精卵階段，而不是這些藻類的生活形態。而苔蘚植物的受精卵在形成後，並不直接進行減數分裂，變回單倍體的細胞，而是像動物的受精卵那樣進行有絲分裂，產生多個二倍體的細胞，再由這些細胞形成二倍體的結構。這個結構從苔蘚植物單倍體的植株上長出，在一根梗上形成一個囊狀物，囊狀物裡面的一些細胞進行減數分裂，才形成單倍體的孢子。孢子萌發，又成為單倍體的苔蘚植株（圖 8-10）。

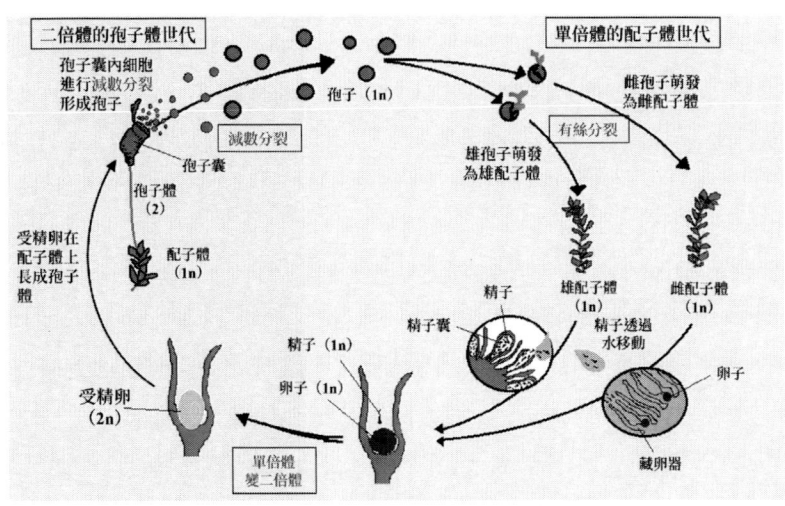

圖 8-10　苔蘚植物的世代交替

第八章 生物的繁殖方式

　　這些產生孢子的二倍體多細胞結構叫做孢子體，孢子體上形成孢子的囊狀結構叫孢子囊。而形成配子（即精子和卵子）的苔蘚植株則被稱為配子體，分雌雄二性。孢子體和配子體都是多細胞的，是苔蘚植物生活中的兩個階段，這個現象叫做世代交替，是植物的生活特點，從苔蘚植物、蕨類植物、裸子植物到被子植物，都有世代交替。動物的單倍體只存在於精子和卵子中，沒有以單倍體形式生活的階段，因此動物沒有世代交替。

　　苔蘚植物的孢子體不進行光合作用，不能獨立生活，而是長在配子體上，由配子體提供營養。但是孢子體的出現意義重大，因為它開啟了植物二倍體的生活形式，而且孢子體後來不僅能獨立生活，還成為植物生活的主要形式，這在蕨類植物中就開始實現了。

蕨類植物的有性生殖

　　蕨類植物繼承了苔蘚植物世代交替的生活方式，即也有孢子體階段和配子體的階段，但是二倍體的孢子體不但能進行光合作用而獨立生活，還發展出了維管系統，成為主要的生活形式，我們平時所見的蕨類植物都是二倍體的孢子體（參見第四章第九節）。

　　蕨類植物的配子體雖然也能進行光合作用並且能獨立生活，但是卻沒有像孢子體那樣發達，而是仍然像苔蘚植物的配子體，沒有維管系統，沒有真正的根、莖、葉，大小也和苔蘚植物的配子體差不多。因此從苔蘚植物到蕨類植物，配子體沒有大的變化，但是孢子體卻在蕨類植物中異軍突起，成為主要的生活形式，矮小的配子體反倒成了弱勢族群。從蕨類植物開始，二倍體的孢子體就是植物的主要生活形式，以後發展起來的種子植物也是以二倍體的孢子體為主要生活形式的（圖8-11）。

第七節　植物的有性生殖

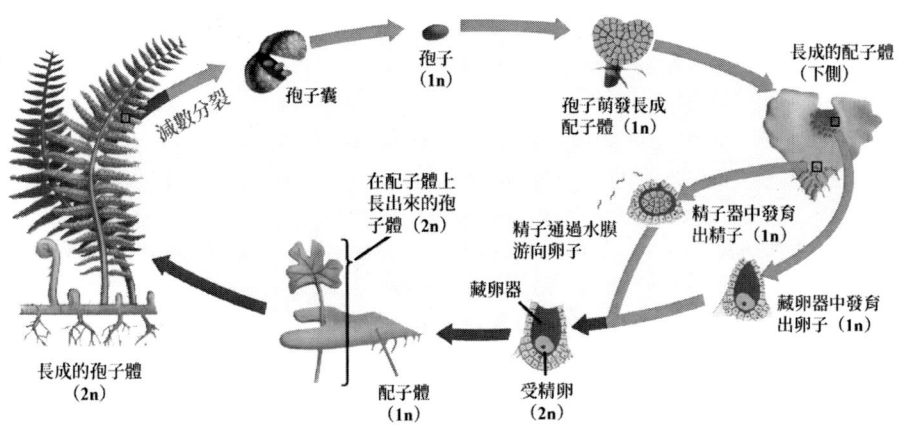

圖 8-11　蕨類植物的世代交替

　　蕨類植物的配子體不分雌雄，既能產生卵子，又能產生精子，是雌雄同體的，因此蕨類植物也沒有性染色體。在同一株配子體上透過有絲分裂形成卵子和精子，就相當於身體裡面的細胞分化，只需要表達不同的基因。

裸子植物的有性生殖

　　到了裸子植物，配子體進一步退化，不再進行光合作用，也不能獨立生活，而是直接長在二倍體的孢子體上，由孢子體提供營養，如松樹的雄松果和雌松果就分別含有雄性和雌性的配子體（參見第四章第九節）（圖 8-12）。這種情形和苔蘚植物中孢子體不進行光合作用、長在配子體上的情形正好相反。

027

第八章 生物的繁殖方式

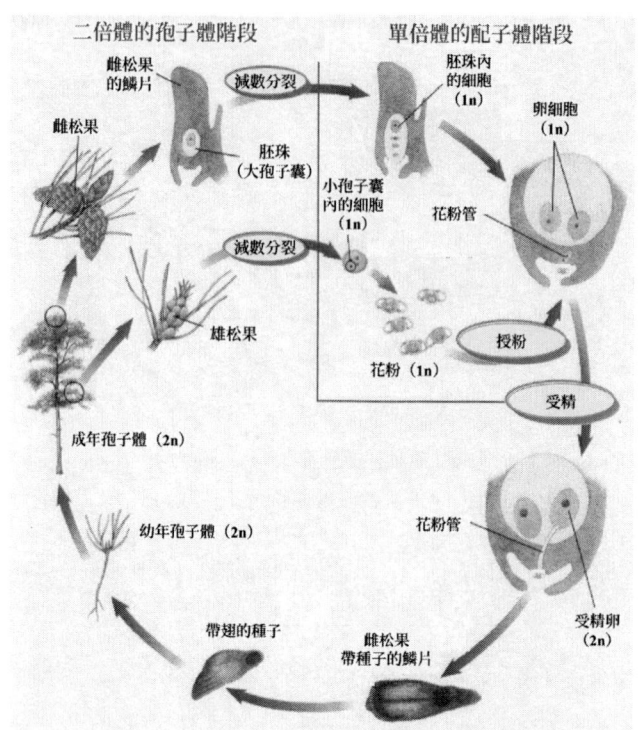

圖 8-12　裸子植物的世代交替

從裸子植物開始，精子也不再單獨行動，而是被包裝到由少數細胞組成的花粉中。花粉透過風力等方式傳播到含有卵子的胚珠上，花粉萌發，長出花粉管，將精子送到卵子處，使卵子受精。因此裸子植物的繁殖過程擺脫了對水環境的依賴，可以生活在陸上比較乾旱的地方，是植物對陸上環境更好的適應。

受精卵形成後，還不被放行，還要讓它在孢子體身上發育為胚胎，即已經有根、莖、葉雛形的植物，再為胚胎帶上糧食和盔甲，形成種子，才讓種子離開孢子體，去開創新生活，所以種子就是帶著營養和保護層的胚胎。

許多裸子植物是雌雄同株的，即產生花粉的結構和產生卵子的結構

第七節 植物的有性生殖

在同一植株上，也不使用性染色體，如松樹。也有一些裸子植物是雌性異株的，也有性染色體，如銀杏和蘇鐵。由於性別分化是在二倍體的孢子體上，就可以像一些動物那樣採用 XX／XY 型的性染色體，而且和動物中的情形一樣，XX 型的是雌性，XY 型的是雄性。

被子植物的有性生殖

被子植物是開花的，所以又被稱為開花植物，雌性和雄性的生殖器官分別叫做雌蕊和雄蕊。在多數被子植物中，雌蕊和雄蕊是生在同一朵花裡面的，這類植物稱為雌雄同花植物，如桃樹、梨樹（圖 8-13 上）。在另外一些被子植物中，雌蕊和雄蕊分別生在不同的花裡，成為單性的雌花和單性的雄花，但雌花和雄花又在同一植株上，這類植物就是雌雄同株的異花植物，如玉米，雄花長在頂部，雌花長在葉腋（圖 8-13 左下）。只有在大約 5% 的被子植物中，雌花和雄花是分別生在不同植株上的，為雌雄異株植物（圖 8-13 右下）。

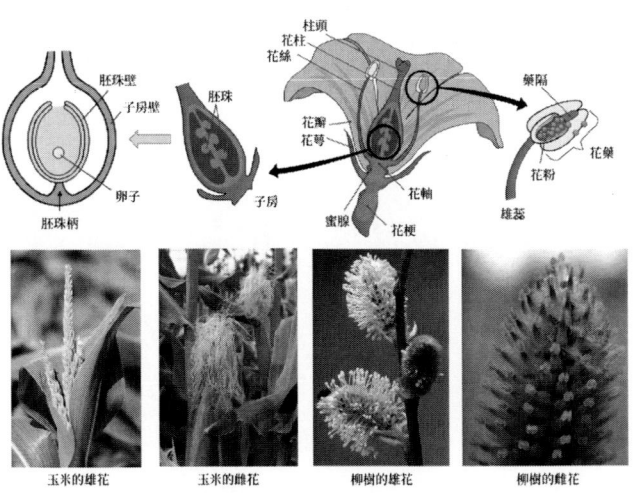

圖 8-13　被子植物的花

029

第八章 生物的繁殖方式

　　雌雄同花和雌雄同株的被子植物都在同一植株上產生雌性和雄性的生殖結構，它們產生這些結構就相當於受精卵分化為身體各種細胞和結構的過程，只需要基因調控，而不需要 DNA 的差別，因而也沒有性染色體。而雌雄異株植物具性染色體，而且還可以是 XY 型和 ZW 型。如柿子、柳樹、香芋、大麻、蠅子草等使用 XY 系統，而草莓、山藥、開心果、銀白楊等使用 ZW 系統。

　　雖然植物也採用 XY 和 ZW 性染色體系統，但那只是用來區別染色體的，實際使用的性別決定基因是不一樣的。例如，在柿子的 XY 系統中，雄性決定基因就不是動物的 *DMRT1* 基因，而使用一種 RNA OGI 來決定雄性發育；而在銀白楊的 ZW 系統中，W 染色體中的 *ARR17* 基因使植株成為雄性。

　　從以上的事實可以看出，植物的有性生殖方式遠比動物複雜，這主要是由於植物始終保有全能幹細胞，能在需要的時候產生雌性和雄性的配子，再加上植物有單倍體和二倍體交替出現的世代交替，還從以單倍體為主過渡到以二倍體為主，使植物的有性生殖在不同的植物種類中呈現出不同的特點。植物的性染色體也獨立出現過多次，決定性別的基因彼此不同，也不使用動物決定雄性的 *DMRT1* 基因。

第八節　真菌的有性生殖

　　比起動物和植物，真菌在有性生殖上採取了中間道路（圖 8-14）。兩根能彼此相容的菌絲發生融合，但是來自兩根菌絲的細胞核並不立即融合形成二倍體的細胞核，而是彼此配對，形成雙核菌絲。這些菌絲在遺傳物質上是二倍體，但是每個細胞核仍然是單倍體，因此是假二倍體菌

第八節　真菌的有性生殖

絲。這些配對的細胞核能同步分裂，讓雙核菌絲持續生長，最後形成子實體。在子實體中，兩個配對的細胞核才彼此融合，形成二倍體的細胞核。二倍體的細胞核形成後，並不進行有絲分裂形成二倍體的真菌，而是立即發生減數分裂，形成單倍體的孢子。因此真菌沒有真正的二倍體生活形式，也沒有性染色體。

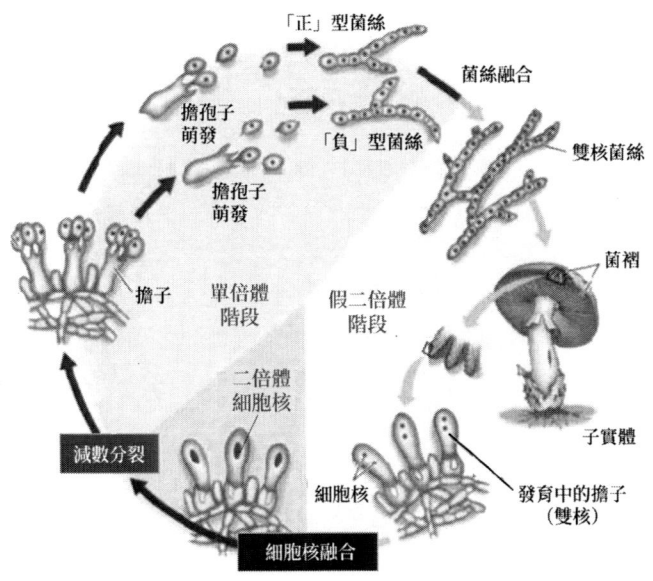

圖 8-14　真菌的有性生殖

原核生物和真核生物都是細胞生物，身體都由細胞組成。除了細胞生物，地球上還有另一大類具有遺傳物質但是沒有細胞結構的生物，這就是病毒。

031

第八章　生物的繁殖方式

第九章
與生物如影隨形的病毒世界

第九章　與生物如影隨形的病毒世界

病毒是攜帶有遺傳物質（DNA 或者 RNA），可以在細胞生物的細胞裡繁殖，但是在脫離細胞的情況下又沒有新陳代謝的物質顆粒。

法國微生物學家路易・巴斯德（Louis Pasteur）首先意識到病毒的存在，因為他不能用顯微鏡看見引起狂犬病的致病原，所以致病原一定比細菌還小。西元 1884 年，與巴斯德一起工作的法國微生物學家夏爾・尚柏朗（Charles Chamberland）發明了陶瓷過濾器，上面的孔比細菌小，能夠把液體中的細菌擋住而不讓它們通過。8 年之後，俄國植物學家德米特里・伊凡諾夫斯基（Dimitri Ivanovsky）發現，從患菸草花葉病的菸草葉獲得的液體在通過細菌過濾器以後仍然能使菸葉患病，說明致病原能通過該過濾器。西元 1894 年，荷蘭微生物學家和植物學家馬丁努斯・拜耶林克（Martinus Beijerinck）重複了伊凡諾夫斯基的實驗，得到了同樣的結果，並且認為致病原只有在細胞中才能繁殖，他把這種致病原叫做病毒。但是只有在 1931 年電子顯微鏡發明後，人們才第一次看見病毒的模樣（圖 9-1）。

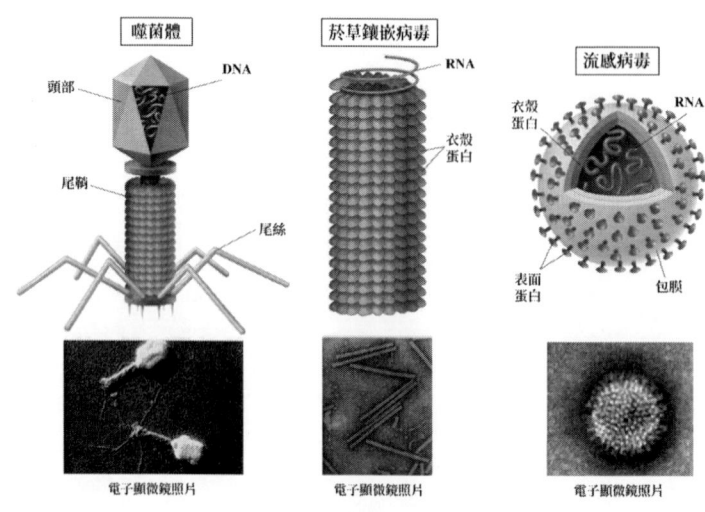

圖 9-1　幾種病毒的構造

病毒基本上就是由蛋白質包裹的 DNA 或者 RNA。這層蛋白質包殼叫做衣殼，形狀常為多面體，由相同的蛋白質單位組成，組成衣殼的蛋白質單位叫做殼粒。有的病毒在衣殼外面還有一層脂質的包膜，類似細胞的細胞膜，上面也有蛋白質分子。

病毒沒有細胞質，即沒有一個水溶液的環境。由於地球上的生命活動是以水為介質的，沒有水溶液的環境也意味著沒有化學反應，所以病毒沒有自己的新陳代謝。例如，病毒就沒有合成蛋白質的核糖體，也不能合成自己的遺傳物質。在單獨存在時，病毒沒有通常意義上的生命活動，叫做病毒顆粒。我們平時所見的病毒照片，都是病毒顆粒的照片，即它們在細胞外的模樣。要是只看病毒的顆粒階段，可以認為病毒是沒有通常意義上的生命的。但是病毒又含有和細胞生物同樣類型的遺傳物質，使用同樣的遺傳密碼，有複製自己的方式，並且能在競爭中不斷演化，因此也可以看成是生命的一種形式。

第一節　病毒是沒有工廠的指揮部

病毒的結構雖然簡單（和細胞相比而言），但是卻含有儲存生命訊息的分子即 DNA 或者 RNA。一旦有發揮它們指令作用的環境，即到活的細胞內部，這些指令就可以調動細胞裡面的資源，合成自己所需要的遺傳物質和殼粒蛋白。從這個意義上講，病毒就是只有指揮部沒有工廠的單位，指揮部進入別人的工廠發號施令，由這些工廠來生產自己。

與真菌和動物一樣，病毒也依靠其他生物的有機物來生活，因此所有的病毒都是異養的。真菌和動物還要自己消化食物而後吸收有機物，再用基本零件（胺基酸、核苷酸、葡萄糖等）來建造自己的身體，病毒把

這些活動全免了，只發指令，其他一切活動都靠被感染的細胞進行。

由於這種生活方式是最省事的，透過這種方式來生活的病毒也種類繁雜，估算有數百萬種，能感染地球上所有的生物。無論是動物、植物、真菌，還是細菌和古菌，都不能倖免於病毒的攻擊，而且同一種生物還可以被多種病毒所感染，如人就可以被感冒、流感、新冠、SARS、肝炎、愛滋病、狂犬病、腦膜炎、天花、麻疹、水痘等病毒感染。由於病毒能把地球上所有的生物當作生產自己的工廠，病毒的數量極其龐大，超過地球上的任何生物。例如，每毫升海水就含有多達 2.5 億個病毒，是同樣體積海水中細菌數的十倍至數十倍。據估算，地球上病毒總數有 10^{31} 個之多。

病毒的感染常常會造成單細胞生物的死亡。對於多細胞生物，病毒可以造成部分細胞死亡（生病），也可以造成生物整體死亡。例如，1918 年的流感就奪去了數千萬人的生命，從歐洲帶入的天花病毒曾經殺死了約 70% 的美洲原住民。在海洋中，病毒每天殺死約 20% 的單細胞生物（包括細菌和藻類）。如果細胞生物沒有抵禦病毒攻擊的能力，就都會被病毒消滅。因此從細菌開始，就有抵禦病毒攻擊的機制（參見第十章）。病毒和細胞生物之間，就在這種進攻和防禦的爭鬥中建立大致平衡的關係，並且雙方都在這場無休止的爭鬥中不斷演化。

第二節　病毒的種類和繁殖方式

病毒的種類極其龐雜，據猜想有數百萬種。病毒的遺傳物質可以是 DNA，也可以是 RNA；DNA 可以像細胞生物那樣是雙鏈的，也可以是單鏈的；RNA 可以是單鏈的，也可以是雙鏈的；單鏈 RNA 中，還可以

是正義鏈的（編碼的鏈）或者反義鏈的（正義鏈的互補鏈）；遺傳物質可以是環形的，也可以是線性的；線性的遺傳分子可以是單根的，也可以是多根的。

要按照基因的組成對病毒進行分類是困難的，因為沒有任何一個基因是所有的病毒共同擁有的，外形和遺傳物質的類型也沒有固定關係。鑒於這種情況，美國微生物學家戴維·巴爾的摩（David Baltimore）改用病毒遺傳物質的性質和繁殖自己的方式，將病毒分為 7 組（圖 9-2）。

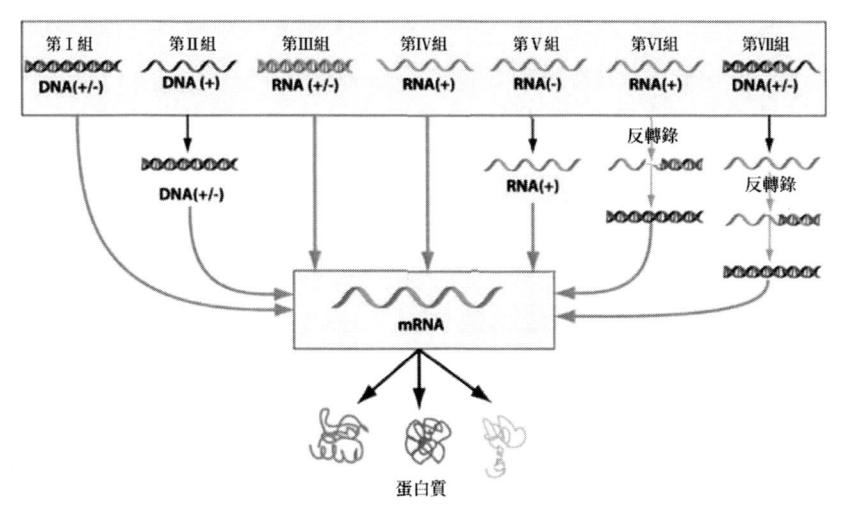

圖 9-2　病毒的種類和繁殖方式

第 I 組　雙鏈 DNA 病毒

這類病毒的遺傳物質最像細胞生物的雙鏈 DNA，它們的複製也多在細胞核中進行，類似於細胞複製自己的 DNA，而且必須使用細胞的 DNA 聚合酶。病毒 DNA 中的訊息也像細胞生物那樣先被轉錄到 mRNA 上，再用 mRNA 指導蛋白質的合成。轉錄所用的也是細胞的 RNA 聚合酶。

第Ⅱ組　單鏈 DNA 病毒

DNA 分子為環形的正義單鏈，它們的複製也在細胞核中。單鏈 DNA 先被用作模板合成另一條 DNA 鏈，形成雙鏈 DNA 的中間物，再用新合成的鏈（反義鏈）為模板合成 mRNA 和正義單鏈 DNA。

第Ⅲ組　雙鏈 RNA 病毒

複製在細胞質中進行，由病毒自己編碼的 RNA 聚合酶直接複製自己，而不經過 DNA 的階段。這個酶能夠以 RNA 為模板合成 RNA 分子，所以叫做依賴 RNA 的 RNA 聚合酶。由於雙鏈 RNA 中已經含有相當於 mRNA 的訊息鏈，可以直接指導蛋白質的合成。

第Ⅳ組　正義（＋）單鏈 RNA 病毒

複製在細胞質中進行，也用病毒自己編碼的、依賴 RNA 的 RNA 聚合酶。正義單鏈 RNA 在性質上類似於細胞生物的 mRNA，可以直接和寄主的核糖體結合而生產病毒的蛋白質。

第Ⅴ組　反義（－）單鏈 RNA 病毒

複製也在細胞質中進行。由於它們的 RNA 鏈是反義的，不能直接和寄主的核糖體結合生產蛋白質，必須先用病毒自己編碼的，依賴 RNA 的 RNA 聚合酶把反義 RNA 轉錄成為正義 RNA，再指導病毒蛋白質的合成。正義 RNA 鏈也被用作模板，合成病毒的反義單鏈 RNA。

第Ⅵ組　正義（＋）單鏈 RNA 逆轉錄病毒

雖然這種病毒的遺傳物質類似第Ⅳ組病毒，也是正義單鏈 RNA，但是它的複製不是透過依賴 RNA 的 RNA 聚合酶，而是要經過 DNA 的階段。首先 RNA 作為模板被逆轉錄酶（即以 RNA 為模板合成 DNA 的酶）

合成一條 DNA 鏈，再以這條 DNA 鏈為模板，用 DNA 聚合酶合成另一條 DNA 鏈，形成雙鏈 DNA。mRNA 由雙鏈 DNA 中的反義鏈為模板合成，類似細胞合成自己的 mRNA。病毒的正義單鏈 RNA 再由雙鏈 DNA 中的反義鏈為模板合成。

第Ⅶ組　雙鏈 DNA 逆轉錄病毒

DNA 也像第Ⅰ組那樣是雙鏈的，但是並不在細胞核中像細胞的 DNA 那樣被複製，而是在進入細胞後形成環狀的 DNA，以 DNA 為模板合成正義單鏈的 RNA，再像第Ⅵ組那樣，以這條 RNA 鏈為模板用逆轉錄酶合成 DNA 鏈，再以 DNA 鏈為模板合成雙鏈 DNA。mRNA 由雙鏈 DNA 中的反義鏈為模板合成，類似細胞合成自己的 mRNA。

第三節　病毒感染細胞的方式

病毒要繁殖，首先要進入細胞。根據要進入的細胞的種類，病毒也有不同的進入細胞的方式。

噬菌體是感染細菌的病毒，用的是注射其 DNA 進入細胞的方式（圖 9-3 左）。細菌表面有莢膜或細胞壁，噬菌體不能直接和細胞膜接觸，也不能整個進入細菌。噬菌體附著在細菌表面後，其頭部含有的雙鏈 DNA 經過尾部被直接注射進細菌的細胞質，噬菌體的其餘部分則留在細胞外。注射所需要的壓力來自 DNA 自身。噬菌體在細胞中生成時，蛋白質的外殼首先形成，裡面還沒有 DNA。噬菌體的 DNA 在末端酶的幫助下，像壓縮彈簧那樣被包裝進頭部。這個被壓縮的彈簧在噬菌體附著在細菌表面時就能彈入細胞。

第九章　與生物如影隨形的病毒世界

　　動物的細胞沒有細胞壁，所以病毒可以直接和細胞膜接觸，與膜上的特種蛋白和細胞結合，讓細胞把整個病毒吞入細胞。例如，愛滋病的病毒就透過淋巴細胞上的 CD4 蛋白和細胞結合，從而進入表達 CD4 的淋巴細胞（圖 9-3 右）。目前正在流行的新型冠狀病毒，也是透過其表面的突刺蛋白與人細胞表面的 ACE2 蛋白結合而進入細胞的。在進入細胞後，衣殼蛋白質解離並且被細胞降解，釋放出遺傳物質。以 RNA 為模板合成的雙鏈 DNA 還能組入細胞的 DNA 中，在人體內長期存在。

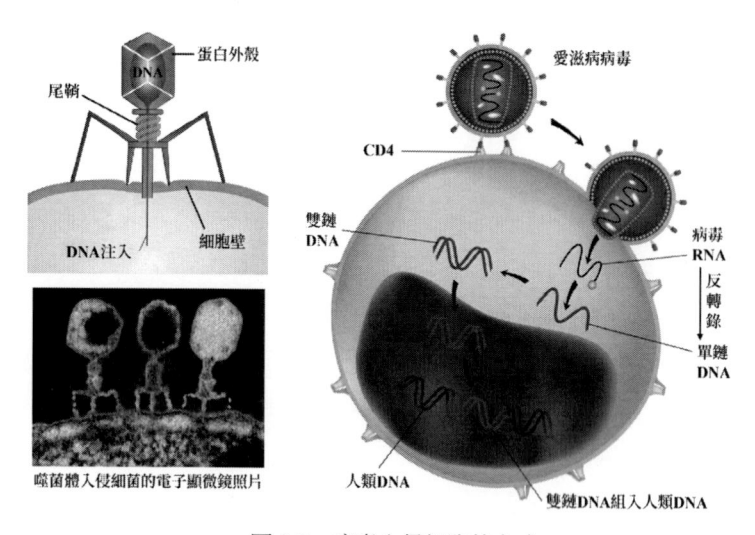

圖 9-3　病毒入侵細胞的方式

　　植物的細胞有細胞壁，感染植物的病毒，像類病毒一樣，無法直接進入植物細胞，而需要植物細胞的損傷（如昆蟲啃食）。但是一旦進入細胞，它們能透過胞間連絲（細胞之間透過小孔建立的細胞質連接）從一個細胞進入另一個細胞。

　　由於細胞的類型各式各樣，某種結構的病毒常常只能感染適合它的細胞，而不能感染別的細胞。例如，感染植物的病毒一般對動物無害，許多感染動物的病毒也不能感染人類。即使在人類，病毒也不能感染所

有類型的細胞。例如，B 型肝炎的病毒就不能感染皮膚細胞，愛滋病的病毒也不能感染肝細胞。

第四節
類病毒——只由 RNA 組成的致病原

除了帶蛋白衣殼的標準病毒，還存在沒有衣殼、光溜溜的只有 RNA 的致病物質，叫做類病毒（圖 9-4）。類病毒是 1971 年被美國植物病毒學家西奧多・奧托・迪納（Theodor Otto Diener）在馬鈴薯紡錘塊莖病中發現的。患病的馬鈴薯畸形，而且提取到的致病原不含蛋白質和脂類，而只含 RNA。迪納把這種致病原叫做類病毒，引起馬鈴薯疾病的致病原也被稱為馬鈴薯紡錘塊莖病類病毒（potato spindle tuber viroid，PSTVd）。

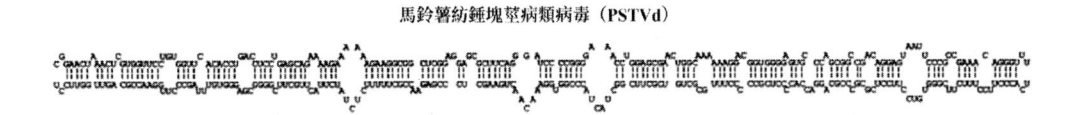

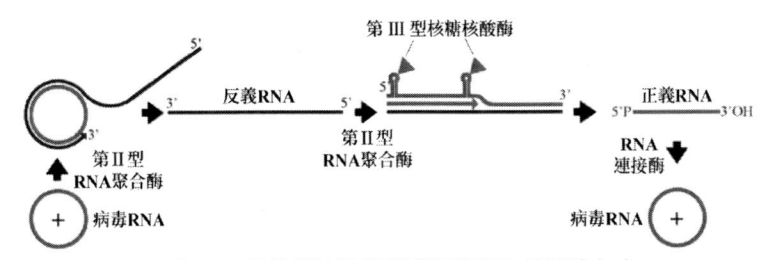

圖 9-4　馬鈴薯紡錘塊莖病類病毒及其繁殖方式

PSTVd 是環形的單鏈 RNA，由 359 個核苷酸組成，分子呈桿狀，由分子內鹼基配對形成的雙鏈和不能配對的單鏈環相間排列組成。其他類病毒的 RNA 結構和 PSTVd 類似，而且都很小，只有 246～467 個核苷

第九章　與生物如影隨形的病毒世界

酸，而且都不包含為蛋白質編碼的基因，在細胞內複製自己的方式也和其他病毒不同。

例如，PSTVd 進入細胞後，利用植物的第Ⅱ型 RNA 聚合酶，以滾圈的方式轉錄 PSTVd 的分子多次，合成一個長長的 RNA 分子，其中含有多個反義的 PSTVd 單位。反義的 RNA 又被當作模板，合成正義的、含有多個 PSTVd 單位的長 RNA 分子。這個長的正義 RNA 分子被第Ⅲ型核糖核酸酶剪下成只含 1 個單位的 PSTVd，再被 RNA 連接酶連成環形。

僅僅由幾百個核苷酸組成的環狀單鏈 RNA 沒有包膜，沒有衣殼，也沒有任何為蛋白質編碼的基因，卻能利用細胞來複製自己，是令人驚異的。從這個意義上講，類病毒是最純淨的寄生遺傳物質。

第五節　病毒的起源

由於病毒不像細胞生物那樣含有共同的基因，因此無法透過比較基因的方式來追溯病毒的起源。根據病毒的特點，科學家提出了三種主要的學說來解釋病毒的起源，分別是細胞退化學說、質粒起源學說、病毒和細胞共同起源學說。

細胞退化學說

由於病毒含有與細胞生物同樣的訊息分子 DNA 或者 RNA，使用同樣的遺傳密碼，其蛋白質也由同樣的 20 種胺基酸組成，在有包膜的病毒中，其包膜也和細胞膜非常相似，一個自然的想法就是病毒是由細胞簡化形成的，也就是先有細胞，後有病毒。簡化的細胞失去了獨立生存的能力，但是遺傳物質仍然在，可以在別的細胞中進行複製。

| 第五節　病毒的起源

　　有若干事實支持這個學說，如立克次體和衣原體就是寄生在真核細胞內部的細菌（圖9-5上）。立克次體有細胞結構，有催化許多化學反應的酶，也有電子傳遞鏈用於合成ATP，還有為核糖體蛋白質編碼的基因，但是已經不能自己合成胺基酸和核苷（核苷酸中磷酸根以外的部分）。這可以看成是細胞最初階段的退化，即細胞結構還在，擁有細胞質，能進行一些新陳代謝，但是由於許多基因的缺失，已經不能獨立生活，而必須依靠真核細胞提供它所缺乏的成分。這樣發展下去，新陳代謝進一步喪失，就有可能變成病毒。

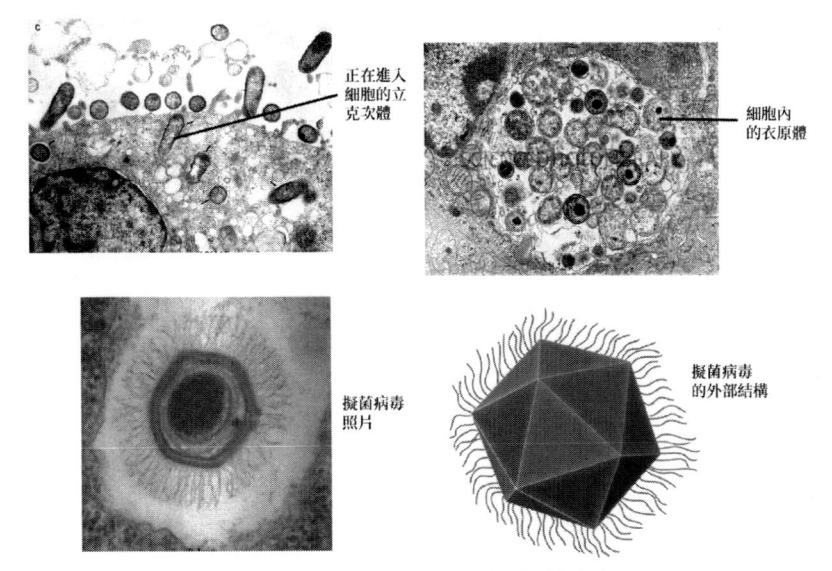

圖9-5　立克次體、衣原體和擬菌病毒

　　擬菌病毒的發現也支持細胞退化學說（圖9-5下）。1992年，科學家在一種變形蟲中發現了一種寄生物。它的直徑有0.4微米，加上外面的蛋白長絲，直徑可以達到0.6微米，接近細菌的大小，可以用光學顯微鏡看見。由於它對革蘭染色法有反應，最初被認為是一種革蘭陽性細菌，並將其命名為布拉得福德球菌。2003年科學家才發現它其實是病

第九章　與生物如影隨形的病毒世界

毒，由於和細菌非常相似而被命名為擬菌病毒。它像病毒一樣有衣殼，形狀為二十面體，每面為六邊形，是病毒的典型特徵。它含有線性的雙鏈 DNA，長度為 1,181,404 鹼基對，含有 979 個為蛋白質編碼的基因，包括與胺基酸和核苷酸合成有關的基因，而立克次體已經失去了這些基因。但是擬菌病毒沒有為核糖體蛋白質編碼的基因。

擬菌病毒雖然自己不進行新陳代謝，卻含有與糖類、脂類和胺基酸代謝有關的基因，也有與蛋白質合成有關的胺醯-tRNA 合成酶，說明這些基因是原本細胞的殘留，支持它是細胞退化產物的學說，只是它後來發展出了衣殼蛋白，變得能在細胞外獨立存在，並且能感染細胞。

令人驚異的是，擬菌病毒還有能感染自己的病毒，即「病毒的病毒」，叫做衛星噬病毒體（sputnik virophage）。當然它是無法在擬菌病毒單獨存在時在其裡面繁殖的，它必須藉助活細胞，在擬菌病毒在細胞內自我複製時建立的病毒生產工廠中「趁火打劫」，同時複製自己。「病毒的病毒」的存在似乎也說明擬菌病毒原來是細菌。

質粒起源學說

病毒的另一個可能的來源是質粒。質粒是細菌主要 DNA 外的環狀小分子 DNA，可以在細胞中繁殖，並且能在細菌之間轉移（參見第八章第四節）。質粒常常會含有一些基因，如為某種特殊代謝所需要的基因或者對付抗生素的基因。這樣，一種細菌對付抗生素的基因能很快地傳播到其他細菌中去。在分子生物學技術中，科學家就常常利用質粒把所要導入細胞的基因送到細胞裡面去。

質粒的這種能在細菌之間傳播、並且在細菌的細胞中複製自己的特性也有可能導致病毒的產生。如果質粒中出現了為衣殼蛋白編碼的基

因，就能在進入細菌的細胞後生產衣殼蛋白，將自己包裝起來，在細胞外獨立穩定地存在，並且感染更多的細菌。

病毒和細胞共同起源學說

種類不同的病毒，例如能分別感染細菌、古菌和真核細胞的病毒，卻能含有非常相似的衣殼蛋白（圖 9-6），如綠球藻病毒（PBCV）的 Vp54 蛋白、噬菌體 PRD1 的 P3 蛋白、第 5 型腺病毒（Ad5）的衣殼蛋白 Hexon、擬菌病毒的 MCP 蛋白、豇豆花葉病毒的衣殼蛋白大亞基都有幾乎相同的結構。儘管這些病毒為衣殼蛋白編碼的基因在序列上各不相同，形成的衣殼蛋白在結構上卻幾乎完全一樣，說明這些衣殼蛋白有共同的祖先，只是在病毒分化的過程中為其編碼的基因逐漸變化，以致核苷酸序列的共同性已經不可分辨，但是蛋白質的結構和功能卻一直保留下來。無論是在細菌、古菌還是真核細胞中，都找不到這些基因的痕跡，這似乎說明病毒和細胞生物是各自演化的，病毒也許早在細胞出現以前的 RNA 世界中就已經出現。

綠球藻病毒的Vp54蛋白　噬菌體PRD1的P3蛋白　第5型腺病毒的衣殼蛋白　擬菌病毒的MCP蛋白　豇豆花葉病毒的衣殼蛋白

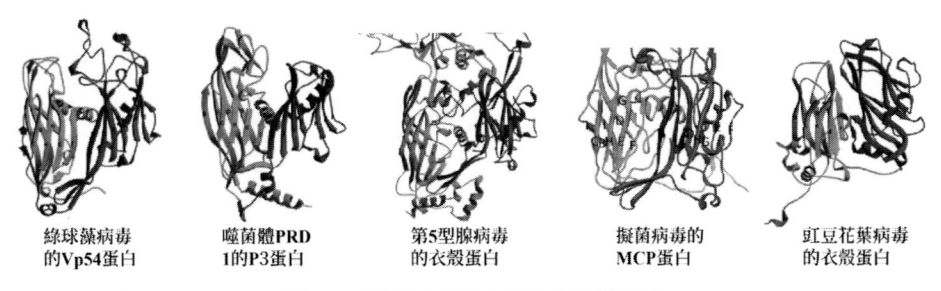

圖 9-6　幾種病毒的衣殼蛋白結構比較

植物的正義單鏈 RNA 病毒在其 RNA 分子中還含有轉移 RNA 的結構，說明它可能是早期 RNA 世界的殘留。一開始這些 RNA 是沒有外殼的，而是在形成生物的原湯中自由移動，從中獲得繁殖自己所需要的核

第九章　與生物如影隨形的病毒世界

苷酸。在原始細胞出現，阻礙這些 RNA 分子自由移動時，能發展出衣殼的 RNA 就能在沒有細胞的情況下單獨存在，並且依靠這些蛋白質進入細胞，形成有衣殼的病毒。從此細胞生物和非細胞生物就分道揚鑣，發展為地球上兩大類不同的生物。

　　從這個觀點看來，最初的病毒是沒有衣殼的，保留到現在就是感染植物的類病毒。而發展出衣殼的 RNA 分子就成為後來的病毒，RNA 也可以被 DNA 所取代。所以類病毒才應該是病毒的老祖宗。

　　由於病毒的起源可能要追溯到細胞出現之前，病毒也不會留下化石，病毒的起源還是一個難以弄清的問題。目前還不能確定哪一種學說是正確的，也許三種機制在病毒的起源中都發揮過作用，因此病毒也沒有單一的起源。在目前，經過鑑定的病毒不過 5,000 種左右，只是幾百萬種病毒中的極小部分。隨著更多種類的病毒被鑑定，也許會出現病毒起源的新線索。

第十章
生物之間的協同、攻防與競爭

第十章　生物之間的協同、攻防與競爭

地球上的任何生物都不是孤立存在的，而是和外部環境之間有密切的相互作用，其中包括非生物的環境如陽光、空氣、液態水、岩石、土壤、礦物鹽等，也包括地球上的其他生物，這就是地球上的生態系統。

第一節
地球上的生物都生活在生態系統中

由於地球上的大氣、海水、陸地在相當程度上是互相連通的，生命從誕生之日起，就生活在一個共同的大環境中，彼此之間就有相互作用。同種生物之間有對資源的競爭，例如，RNA 世界中的生物就要競爭，以獲得自然形成的核苷酸這樣的「建築材料」和焦磷酸這樣的能源（參見第一章）。

原核生物出現後，能夠用環境中的材料進行氧化還原反應以獲得能量，自己製造有機物的生物（第一批自養生物）就要競爭氫和硫化氫這樣的還原性分子和硝酸鹽這樣的氧化性分子。自養生物死亡後，留下的有機物就為異養原核生物的出現準備了條件。生物之間除了競爭關係外，還出現了依存關係，形成了地球上早期的生態系統。

水流和風可以把最初的生物帶到地球上的許多地方去，而地球上的環境又是千差萬別的。在適應這些環境的過程中，最初的生命就分化成為不同的物種，原核生物也分化為細菌和古菌。

生物的種類多了，就為生物之間更複雜多變的相互作用創造了條件，包括一些偶然性的，但是意義重大的事件，例如，古菌和細菌的聯合產生了真核生物（參見第三章第一節）；真核細胞吞下藍細菌，又產生了能進行光合作用的真核生物、藻類和植物（參見第三章第九節）。藻類

第一節　地球上的生物都生活在生態系統中

和植物製造更多的有機物，為利用現成有機物為生的動物和真菌的發展創造了更好的條件，導致更多生物物種的出現，以及生物之間更複雜的關係。

生物一多，對資源的競爭就變得激烈，競爭還會變成爭鬥，例如，一些細菌就可以用對其他細菌打毒針的方式消滅其他的細菌。青黴能產生青黴素來殺死周圍的細菌，而細菌也可以分泌化學物質來對抗真菌，如吸水鏈黴菌就能分泌雷帕黴素來抑制真菌的生長。

動物一旦出現，捕食者和被捕食者的爭鬥就開始了。捕食者逐漸發展出更靈敏的感覺、更快的速度、更強大的體型和肌肉，而被捕食者也會發展出更靈敏的感覺和更快的奔跑速度，還會增加自己的繁殖速度來維持物種。這種爭鬥也使動物發展出了智力，導致有高度思考能力的人類出現。

真菌、異養細菌和病毒是依靠其他生物現成的有機物生活的，也發展出更多的種類、更多的入侵方式，而被感染的生物也發展出抵抗這些侵襲的措施，入侵生物會發展出反措施，被感染生物又會進一步完善自己的防禦機制，這是一場永無休止的爭鬥。

當然物種之間不僅有競爭，也有協助，例如，大樹就可以幫喜陰植物遮陰，喬木也替攀緣植物的生長創造了條件。生物之間也可以相互合作，例如，真菌就能和進行光合作用的生物一起組成地衣，與植物的根系發展關係密切，根瘤菌更為植物提供氮源。病毒對被感染的生物一般是有害的，但是病毒感染帶來的轉座子卻被脊椎動物用來形成對抗外來物質的抗體，極大地增強了這些動物的防禦能力（參見本章第七節）。

在一些情況下，一些生物甚至會越界，做本類生物一般不會做的事情，如植物和真菌變得像動物一樣捕食。

第十章　生物之間的協同、攻防與競爭

　　由於每種生物都和周圍環境有非常密切和複雜的關係，促使生物演化的自然選擇也主要是要適應生物之間的這些關係。每種生物現在的狀況，都是過去與生態環境相互作用的結果。各種生物的壽命也是由這些相互作用形成的（參見第十一章第六節）。

第二節　生物之間的合作

　　生物之間的關係不一定都是競爭和爭鬥，在彼此有利的時候，生物之間也會進行合作。

　　地衣就是真菌與藍細菌和綠藻彼此合作的產物。真菌為藍細菌和綠藻提供保護和幫助吸收水分，而藍細菌和綠藻進行光合作用，將有機物回饋給真菌（參見第四章第一節和圖 4-1）。這樣的合作非常有效，使地衣成為地球上生命力最頑強的生物之一，從濱海到高山，從極地凍原到乾熱的沙漠，都有地衣的存在。

　　真菌與植物之間的合作非常普遍，大約有 80％ 的植物的根與真菌建立了共生關係（圖 10-1 左）。真菌的菌絲很細，可以在土壤中伸得很遠，在吸收水分和無機鹽上比植物的根更有效。真菌還會分泌酸，加速岩石的風化，真菌降解土壤裡面的有機物，釋放出磷、硫等元素供植物使用，植物則以糖類和脂肪作為對真菌的回報。當年藻類登陸，變成植物，很可能就藉助了真菌的幫助。根瘤菌更能夠固定大氣中的氮，對與之共生的豆科植物很有幫助。

第二節　生物之間的合作

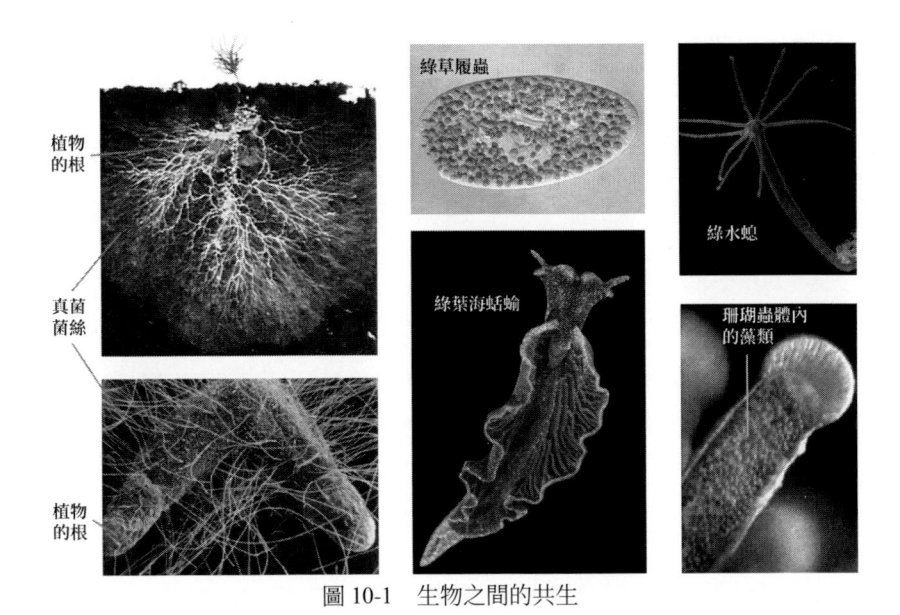

圖 10-1　生物之間的共生

　　動物是依靠吞下現成的有機物為生的，但是有些動物也會利用藻類為自己生產有機物。例如，一種草履蟲的細胞內含有數百個綠藻。草履蟲並不消化這些綠藻，而是保護它們不受病毒攻擊，並且供給含氮、磷、硫等元素的代謝物給小球藻；小球藻則供給麥芽糖（由兩個葡萄糖分子連接形成的糖）給草履蟲。含有小球藻的草履蟲變成綠色，叫綠草履蟲（圖 10-1 中上）。

　　水螅是多細胞的水生動物，靠觸手捕食。水螅的身體由兩層細胞構成，即內胚層和外胚層。綠水螅的內胚層細胞也含有小球藻，因而顯示綠色。小球藻供給水螅麥芽糖，而水螅為小球藻提供生存環境（圖 10-1 右上）。

　　珊瑚整體上不運動，但它其實是動物，由大量珊瑚蟲組成。珊瑚蟲的構造與水螅相似，也用觸手捕食，不同的是珊瑚蟲能形成由碳酸鈣組成的外骨骼，大量這樣的珊瑚蟲聚集在一起，形成珊瑚礁。許多珊瑚與甲藻

051

有共生關係，大部分營養由甲藻供給，包括葡萄糖、甘油和胺基酸等有機物，珊瑚則供給甲藻含磷、氮和硫的代謝物（圖 10-1 右下）。有藻類的珊瑚生長速度是沒有藻類的 10 倍，使珊瑚可以生活在營養缺乏的海水中。甲藻的存在也使珊瑚呈現出各種顏色。海水溫度升高時，珊瑚會排出藻類，稱為珊瑚的白化，如果長時間得不到藻類補充，珊瑚就會死亡。

海蛞蝓（又叫海蝸牛，一種軟體動物）以海藻為食，牠們把海藻消化後，留下葉綠體，被消化道的內皮細胞吞進，讓牠們繼續進行光合作用。為了形成更大的受光面積，牠們甚至把自己變成一片葉子的形狀（圖 10-1 中下）。

小丑魚生活在海葵的觸手之間，保護海葵免於被其他動物食用，而海葵帶刺細胞的觸手又避免小丑魚被其他動物吞食（參見第八章圖 8-8）。

白蟻自己不能消化纖維素，但是其腸道中的細菌卻可以分解纖維素，釋放出葡萄糖供白蟻食用，白蟻又為這些細菌提供穩定的生活環境。人類的腸道內也有大量的細菌，數量可以超過人體細胞總數的 10 倍，也可以消化一些人類不能消化的有機物。

第三節　越界生活的真核生物

雖然動物、植物、真菌各有自己的生活方式，但是生物的演化過程是非常靈活的，只要對生存有利，非經典的生活方式也可以發展出來。例如，植物是自養生物，透過光合作用自己製造營養，但是也有些植物變得和真菌一樣，靠吸取其他生物現成的有機物生活。

菟絲子是被子植物，但是不進行光合作用，沒有葉片，連葉綠素都不生產，所以身體是黃色的（圖 10-2 左）。它纏繞在其他植物上面，在接

第三節　越界生活的真核生物

觸處長出吸根，進入寄主的組織，發展出輸送水分的導管和輸送養料的篩管，分別與寄主的導管和篩管相連，吸取寄主的水分和養料。

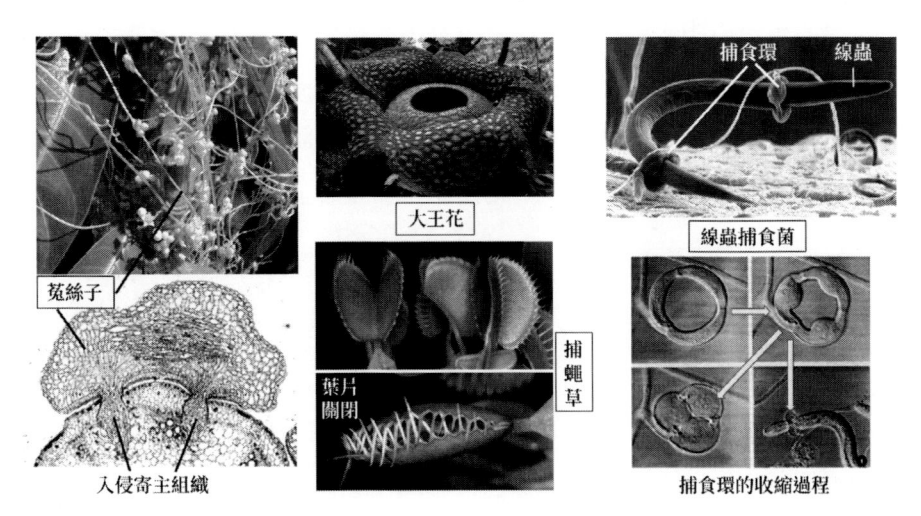

圖 10-2　「越界」生活的真核生物

大王花是世界上最大的花之一，花的直徑可以達到 1 公尺，但是無葉、無根、無莖，靠吸取岩爬藤的營養生活（圖 10-2 中上）。大王花開花後會結果，裡面有數千顆種子，可以由動物帶到新的岩爬藤上，再在那裡開花。

植物甚至能夠捕食動物，如捕蠅草，在小動物觸碰到捕蟲葉片邊緣的刺毛兩次後，對生的葉片就會迅速關閉，將小動物困在裡面（圖 10-2 中下）。葉片分泌消化液，將動物消化，再吸收消化產物。要連續觸碰刺毛兩次才觸發葉片合攏，是為了避免單次偶然的非生物觸碰也使植物產生反應而浪費資源。

甚至真菌也可以變為捕食者。一種在土壤中生活的線蟲捕食菌就能捕食線蟲、變形蟲等小動物（圖 10-2 右）。它在菌絲上長出一個由三個細胞組成的環。當線蟲鑽過環，與環的內表面接觸時，這三個細胞會在 0.1

第十章　生物之間的協同、攻防與競爭

秒的時間內體積增加三倍，將線蟲緊緊地箍住，菌絲再纏繞和穿入線蟲身體，消化吸收線蟲的組織。

這些事實說明，獲取現成的有機物，還是比自己製造有機物省事，連有些植物和真菌都發展出捕食的本事。以感染其他生物為生的真菌、細菌和病毒這些獲取現成有機物的專家，更是對幾乎所有生物的極大威脅。為了抵抗這些攻擊，從細菌到動物和植物，都發展出了專門的防衛系統。

第四節　細菌的防衛系統

感染細菌的病毒叫做噬菌體（參見第九章第三節）。噬菌體在感染細菌時，把遺傳物質（多數情況下是雙鏈DNA）注射到細菌裡面，用噬菌體DNA中的基因指揮被感染的細菌生產自己（參見第九章圖9-3），因此對抗噬菌體的方法就是破壞它進入細胞的DNA。為此細菌發展出了把噬菌體DNA切斷的酶，這些酶能認得噬菌體DNA上的特殊序列，如AGG-CCT、GAATTC等，並且在這些地方把DNA切斷。DNA一被切斷，就無法發揮作用了，噬菌體也就無法在細菌內繁殖。由於這些酶在專門的地方從DNA內部把DNA切斷，這些酶叫做限制性內切酶，例如限制性內切酶EcoRI就辨識DNA序列GAATTC並且將其切斷（圖10-3）。

但是細菌自己的遺傳物質也是DNA，也含有這些限制性內切酶的辨識點，它們是如何避免自己的DNA也被切斷呢？細菌採取的辦法是讓這些結合位點的序列甲基化，即在一些鹼基上加上甲基。加上的甲基就像替辨識點的序列戴上帽子，讓內切酶不認得這些位點，這樣細菌自己的DNA就被保護起來了。而噬菌體的DNA是沒有戴帽子的，所以一進細胞就會被切斷。

第四節　細菌的防衛系統

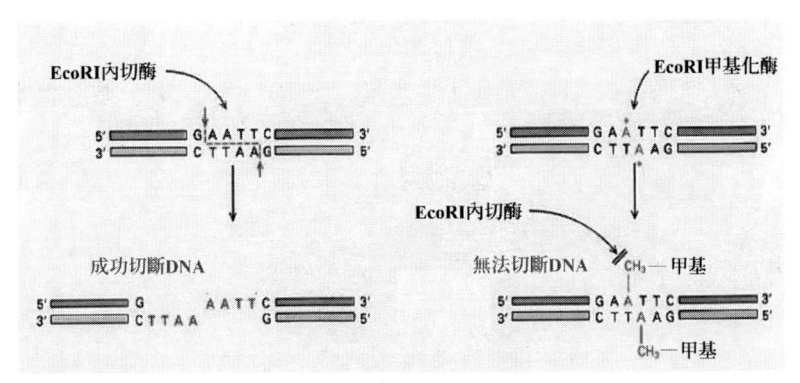

圖 10-3　限制性內切酶 EcoRI

　　細菌還有另一種對抗噬菌體的方法，就是對噬菌體的 DNA 進行取樣，將 20 個鹼基對長的樣品儲存在自身 DNA 的取樣庫中（圖 10-4）。下一次再有同樣的噬菌體感染時，原核生物就可以透過對比而知道是哪種噬菌體感染了自己，就會把這段噬菌體的樣品 DNA 轉錄成為 RNA，RNA 再帶著切斷 DNA 的酶在噬菌體的 DNA 中尋找序列配對的部分。一旦找到，RNA 所攜帶的酶就會將噬菌體的 DNA 切斷。這套系統的縮寫為 CRISP 系統。CRISP 系統和限制性內切酶都被人類利用，成為分子生物學研究工作中的重要工具。

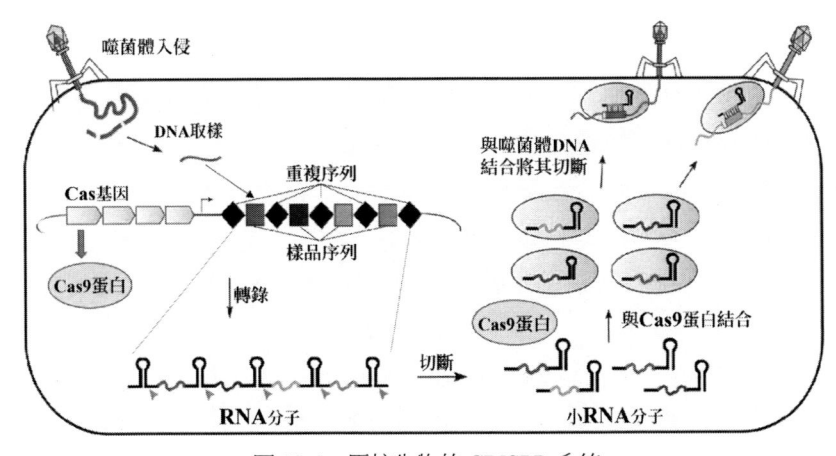

圖 10-4　原核生物的 CRISPR 系統

055

第十章　生物之間的協同、攻防與競爭

第五節　真菌的防衛系統

　　真菌也難逃病毒的攻擊，感染真菌的病毒叫做真菌病毒，其中大部分含有雙鏈 RNA，大約 30％ 含有正義單鏈 RNA（參見第九章第二節）。真菌病毒的一個特點是沒有在細胞外的階段，整個生活週期都在真菌細胞內，透過菌絲在同株真菌中傳播，或者透過不同菌株的菌絲彼此融合而傳播。病毒還可以進入孢子，在孢子萌發後形成的新菌株中存活。

　　真菌抵抗病毒的方式有兩種。一種是防止病毒透過與別的真菌株菌絲融合而被感染。如果與之融合的菌絲有問題，真菌就會啟動細胞計畫性死亡的機制（參見第五章第八節），讓融合的菌絲死亡。

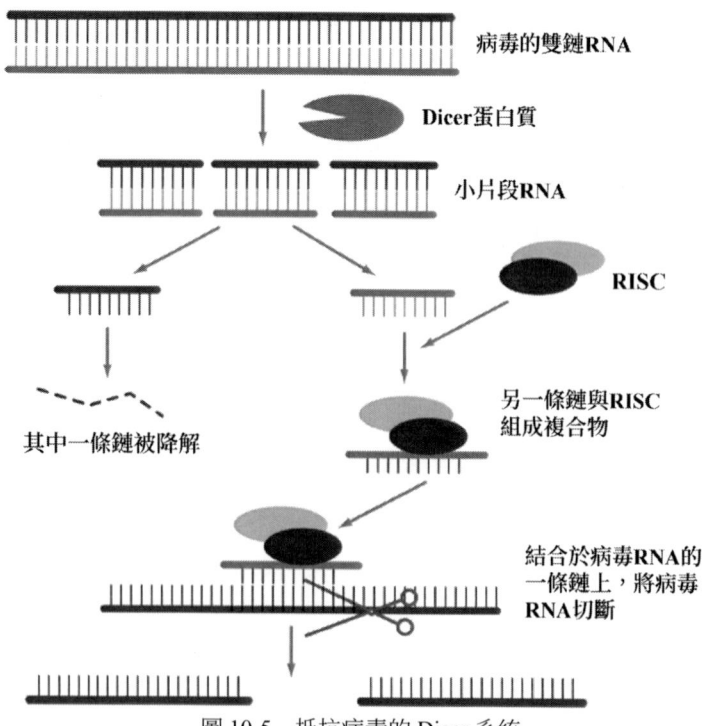

圖 10-5　抵抗病毒的 Dicer 系統

第二種方法是對付病毒的雙鏈 RNA。一種叫做 Dicer 的蛋白質能夠辨識雙鏈 RNA，並且將其切成 21～24 核苷酸長的片段（圖 10-5）。這個片段與 RNA 誘導沉默複合體（RNA-induced silencing complex，RISC）結合，其中的一條 RNA 鏈被降解，剩下的 RNA 鏈會帶著這個干擾複合體去尋找病毒的雙鏈 RNA。一旦找到，複合體上的短鏈 RNA 就會透過鹼基配對與病毒的 RNA 結合，複合體再將病毒 RNA 切斷，相當於消滅了病毒。

這個機制與細菌的 CRISPR 機制有些相似（參見本章第四節），不過真菌並不保留病毒的 RNA 片段，而只是臨時加工病毒的 RNA 並加以利用，將入侵病毒的 RNA 消滅。

除了真菌，動物和植物也用這個機制來抵抗病毒入侵。這個機制也被真核生物用來進行基因調控，叫 RNA 干擾。真核細胞生產一些 RNA 分子，這些 RNA 分子也被 Dicer 蛋白降解為短鏈 RNA，再與 RNA 誘導沉默複合體結合，讓與短鏈 RNA 序列有互補關係的 mRNA 降解，達到調控基因表達的目的。RNA 干擾現在也是科學研究的重要工具，可以人為地改變基因表達狀況，從而研究基因的功能。

第六節　植物的防衛系統

植物是有機物的製造者，身體中含有大量有機物，是異養生物（包括微生物和動物）的有機物來源。為了保護自己不受到動物的啃食和微生物的侵襲，植物也發展出了自己的防衛系統。

第十章　生物之間的協同、攻防與競爭

植物防禦動物啃食的方法

　　植物防禦動物啃食的第一道防線還是物理屏障。濃密的絨毛可以產生隔絕昆蟲的作用，而各種尖刺也能妨礙動物進食。有些刺是空心的，內含毒液，在刺入動物皮膚時會斷裂，釋出毒液，在動物身上產生痛覺，有的甚至含有前列腺素，以增加疼痛的強度（參見第十二章第六節和圖 12-32）。

　　對於昆蟲的進食，植物用增加進食難度的方法來對抗。例如，在細胞壁外再包上胼胝質，相當於人的皮膚長繭，增加昆蟲啃食的難度。植物也可以長出一些堅硬的細胞如石細胞，損壞昆蟲的口器。不過在許多情況下，這些物理屏障並不能完全防止動物的攻擊，所以植物還有其他的對抗方式。

　　例如植物還可以辨識進食動物留下的特徵性物質如唾液。植物細胞上的受體在探測到這些物質後，會分泌一些揮發性物質，如樟腦、松香酸、薄荷醇、冰片、松節油等。這些物質多屬於萜類化合物，有強烈的氣味，能夠驅離一些有害的動物，如小麥可以用這類揮發性物質驅離蚜蟲；或者吸引這些有害動物的天敵，如棉花可以用這類物質吸引蛾子幼蟲的天敵黃蜂（圖 10-6）。

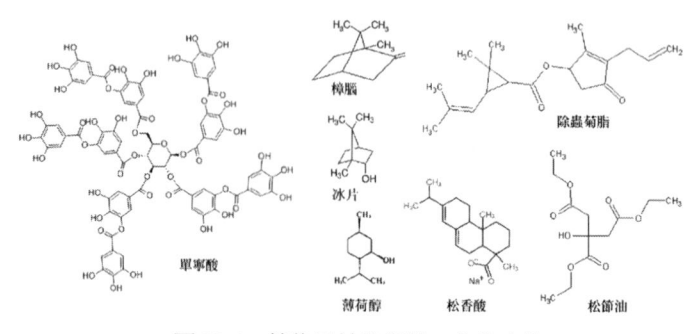

圖 10-6　植物用於防衛的一些化合物

第六節　植物的防衛系統

　　除了萜類化合物外，植物還合成其他對抗昆蟲的分子。單寧酸（又叫鞣酸），平時儲存在植物細胞的液泡中。它可以結合在昆蟲消化液中的蛋白酶上，讓它們失去功能。食入大量單寧酸會使昆蟲營養不良，停止生長。生物鹼是植物對抗動物進食的另一大類物質，以胺基酸為原料製成，因分子中含有氮原子而呈鹼性。它們一般有苦味，而且對動物有毒，如麻黃鹼、秋水仙鹼、烏頭鹼。動物對這些物質發展出苦的感覺，是警告這些植物可能有毒，最好不要食用，也達到了植物避免動物啃食的目的。

　　植物還能生產對動物有毒的蛋白質如消化酶抑制劑，使動物無法消化吃進的食物。植物凝結素能結合在碳水化合物上，干擾消化過程。蓖麻毒蛋白能抑制蛋白質合成，對動物具有高度毒性。植物還能生產精胺酸酶，分解被動物吃進的植物成分中的精胺酸，讓昆蟲得不到這種重要的胺基酸，阻滯它們的生長。

　　由於植物有這些對抗動物啃食的方式，大多數植物都能免於動物的吞食。在 300 多萬種植物中，能作為人類食物的寥寥無幾。走遍全世界，人類吃的蔬菜，不過百種左右。

植物對抗微生物侵襲的機制

　　和抵禦動物一樣，植物也首先使用物理和化學屏障作為抵禦微生物的第一道防線。樹幹外面由死細胞組成的樹皮、葉片表面的蠟質層、細胞外面的細胞壁都是隔離微生物、不讓它們與細胞膜接觸的屏障。葉片表面的細胞也形成緻密的細胞層，類似動物的上皮，不讓微生物進入自己的身體。植物在細胞表面也有化學屏障，如在細胞外分泌幾丁質酶。由於真菌的細胞壁是由幾丁質組成的，破壞它們的細胞壁就可以阻止它

第十章　生物之間的協同、攻防與競爭

們。葡聚糖酶可以水解水黴細胞壁中的葡聚糖，也有防禦這些微生物的作用。溶菌酶能分解細菌的細胞壁，使細菌無法抗拒滲透壓而被漲破。

除了表面的化學屏障，植物所含的一些物質也有抗菌作用，如植物的精油是萜類化合物，除了能夠對抗昆蟲外，還能對抗微生物的入侵。萜類化合物中的棉酚也具有抗真菌和抗細菌的作用。

植物還能透過辨識微生物所具有的特徵性的分子來知道微生物的存在，並且做出相應的反應。植物有模式辨識受體（pattern recognition receptor，PRR），如稻米的 Xa21 受體、擬南芥的 FLS2 受體。它們在細胞外都有富含亮胺酸的功能域，能辨識微生物表面的特徵性分子。如果敲除 FLS2 受體，擬南芥就會對細菌和真菌的感染敏感。這種由表面 PRR 受體激發的免疫反應叫受體觸發的免疫反應（pattern triggered immunity，PTI）。

植物收到受體傳來的訊號時，會活化 MAPK 訊號通路（參見第六章第五節），表達對抗微生物的基因，包括關閉氣孔阻止微生物侵入、在細胞壁外形成胼胝質以加強物理屏障、產生活性氧來殺滅微生物、分泌抗菌肽如穿孔素和防禦素等。

對於已經侵入細胞的病毒，植物也像真菌那樣，使用 RNA 誘導沉默複合體來消滅病毒的 RNA。例如，植物擬南芥就有 4 種 Dicer 類型的蛋白質（DCL），其中的 DCL2 就與植物對病毒的防禦功能有關。

為了對抗植物的這些防禦措施，動物也發展出了應對的方法。例如，桉樹的樹葉對許多動物有毒，特別是其中的間苯三酚及其衍生物，使許多動物不能以桉樹葉為食。但是無尾熊就具有高濃度的解毒酶 CYP2C，能對這些物質進行解毒，再排出體外，因此無尾熊就不怕桉樹葉的毒性（關於動物的解毒系統，參見本章第八節）。

微生物也發展出了對抗方式來消除植物的抵抗。例如，一些細菌會對植物細胞打毒針，透過它們的類型III注射系統，往植物細胞內注射抑制植物免疫反應的效應物質 T3SE，讓植物的 PTI 失效。植物的反制措施是啟動另一個層次的對抗機制，叫做效應物觸發的免疫反應，使受感染部分的細胞計畫性死亡，相當於是植物用堅壁清野的辦法來對抗入侵的軍隊，用局部犧牲來換取整體的生存。

有了這些措施，植物就能在相當程度上免受動物和微生物的侵害，在地球上繁榮昌盛，成為地球上生物圈必不可少的部分。

第七節　動物的防衛系統

動物的細胞沒有細胞壁，而且動物還有與外界連通的龐大的內表面，如呼吸道和消化道，病毒、細菌和真菌都很容易接觸到細胞膜，實施入侵，因此動物的防衛系統也複雜得多。

禦敵於國門之外 —— 動物的第一道防線

像植物一樣，動物保衛自己的第一道防線，也是形成物理和化學的屏障，不讓微生物進入自己的身體。

動物身體表面都有由上皮細胞組成的緊密屏障。在這層細胞之外，為了加強阻隔效果，還會有死細胞組成的外皮，例如，人皮膚表面的角質層，可以阻擋微生物與活細胞接觸；昆蟲的外骨骼也有類似的作用。

但是動物除了外表面，還有內表面，如消化道和呼吸道的內壁。這些表面雖然位於體內，卻和外界相通，微生物可以隨食物和氣流進入這

第十章　生物之間的協同、攻防與競爭

些管道。這些表面中的許多部分都和生理過程有關，例如，肺泡的內表面用於氣體交換，腸的內表面用於吸收營養，它們的外面就不能有由死細胞組成的屏障。動物採取的辦法，是向這些內表面分泌黏液，使微生物難以到達細胞表面，也難以運動，而且呼吸道內面還有纖毛，它們的擺動能把含有微生物的黏液排出呼吸道外。腸道還利用能與人共生的細菌，阻止有害細菌的生長。

物理屏障雖然有效，畢竟是被動的，更好的防禦是主動出擊，即分泌能阻擋和殺死微生物的分子。例如，動物向內表面的黏液中分泌抗體（參見本節下文），降低微生物的侵襲能力。眼淚、唾液和內表面分泌的黏液中都含有溶菌酶，它能分解細菌的細胞壁，讓細菌失去細胞壁的支撐而被滲透壓漲破。皮膚表面的細胞能分泌防禦素和抗菌肽。這些物質能在細菌的細胞膜上形成孔洞，使細胞的內容物流出，導致微生物的死亡。

動物體內的吞噬細胞能消滅進入身體的微生物

動物表面的屏障不是牢不可破的，會因為各種因素（如外傷）而出現缺口，讓微生物進入生物體內。在平時，動物體內就有準備迎敵的細胞，當微生物在體內出現時立即將其殺滅，這就是巨噬細胞，它們就像體內的哨兵，發現敵人時立即將其消滅（圖 10-7）。

動物用巨噬細胞來防禦細菌的攻擊是很自然的，因為動物本來就是靠吃細菌起家的。動物的單細胞祖先——領鞭毛蟲，就透過吞食細菌生活。從單細胞動物變為多細胞動物，細胞吞食細菌的本領並沒有消失，只是不讓所有的細胞都去吞食細菌，而是分出一些細胞來執行這項任務而已。

第七節　動物的防衛系統

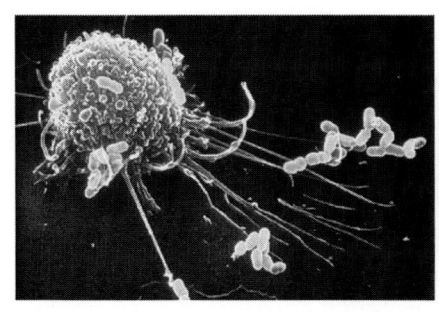

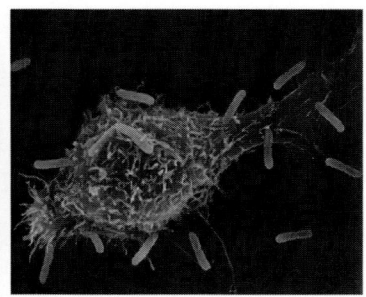

圖 10-7　動物的巨噬細胞吞噬細菌

最原始的多細胞動物——海綿，在外皮細胞和內皮細胞之間有膠質的中膠層，裡面就有遊走的變形蟲樣的細胞（圖 4-3）。水螅和水母也有類似的中膠層，裡面也有遊走的變形蟲樣細胞。這些細胞擔任防禦作用，吞噬進入身體的微生物。

複雜一些的動物如蚯蚓和昆蟲，體內已經有循環系統，其中的液體中就有類似於脊椎動物的巨噬細胞的細胞。因此從最簡單的動物開始，動物就利用吞噬細胞來消滅入侵的微生物。

動物辨識細菌的分子 —— Toll 樣受體

不過細菌也是細胞，吞噬細胞如何區分這些細胞是外來入侵者還是自己的細胞呢？這就和原核生物與真核生物細胞的差別有關。作為原核生物的細菌，表面有細胞壁和莢膜，組成這些結構的細菌脂多糖、細菌脂蛋白和細菌脂多肽分子為細菌的生存所需要，難以改變，而這些分子在真核生物中又不存在，所以是真核細胞用來區分敵我時很有用的分子。細胞的鞭毛由鞭毛蛋白組成，與真核細胞的鞭毛完全不同，也是真核生物辨識細菌的依據。

為了辨識這些細菌特有的分子，吞噬細胞表面有專門的受體。其中

第十章　生物之間的協同、攻防與競爭

的一種叫做 Toll 樣受體（Toll 在德文中的意思是「太棒了」，是德國科學家在果蠅中發現這種基因時歡呼而叫出的詞，後來就成為這個基因的名稱）。Toll 基因突變的果蠅不能對抗真菌的侵襲，說明它與果蠅的免疫有關。隨後的研究發現，類似 Toll 的受體在多細胞生物中廣泛存在，而且都與免疫有關，所以稱為 Toll 樣受體（Toll-like receptor，TLR）。

為了辨識各種細菌特有的分子，動物發展出了多種 TLR（圖 10-8）。例如，人就有 10 種以上的 TLR，其中的 TLR-1 辨識細菌的脂蛋白，TLR-2 辨識細菌的肽聚糖，TLR-3 辨識病毒的雙鏈 RNA，TLR-5 辨識細菌的鞭毛等。

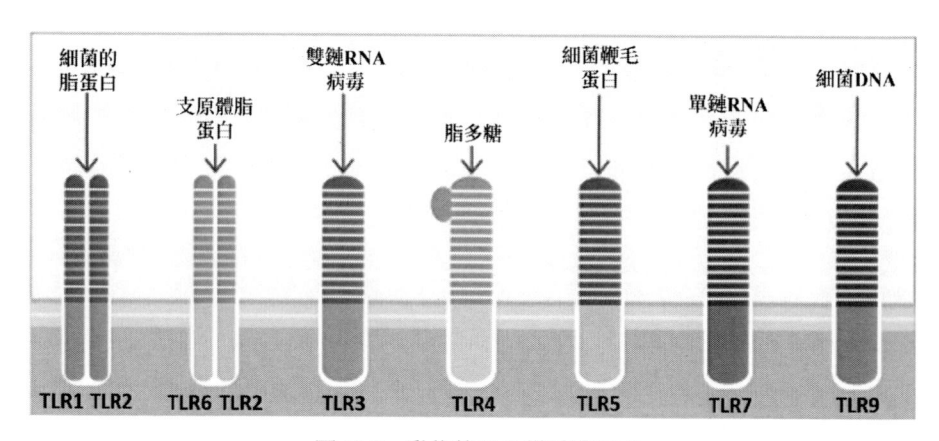

圖 10-8　動物的 Toll 樣受體 TLR

TLR 有一個穿膜區段，其細胞外的部分與細菌的特徵分子結合，細胞內的部分則負責把訊號傳遞進細胞。這個訊號除了幫助吞噬細胞辨識細菌，從而啟動吞噬活動外，還能讓細胞分泌對抗細菌的物質，如防禦素和穿孔素，在細菌的細胞膜上打孔，消滅細菌。

第七節　動物的防衛系統

用蛋白裂解鏈來傳遞訊號的防衛系統 —— 補體系統

侵入身體的微生物是對動物的致命威脅，除了吞噬細胞和抗菌物質外，動物還發展出了另一套系統來殺滅進入身體的微生物，以增加自己的保險係數。這個系統就是動物的補體系統。它最後的效果也是在細菌的細胞膜上打孔，但是它不依賴於 Toll 樣受體來辨識細菌，而是有自己的辨識和訊息傳遞系統。

西元 1896 年，德國科學家布赫納（Hans Buchner）發現人的血漿中含有能殺滅細菌的物質。由於那時人們已經知道抗體的存在，所以把這種物質叫做補體，意思是對抗體作用的補充。其實補體系統出現的時間比抗體早得多，抗體是脊椎動物才擁有的，所以抗體才應該叫做補體，補體應被稱為抗體才是。不過大家都這麼稱呼它們多年，也知道這些名稱的意思，就沒有必要加以改正了。

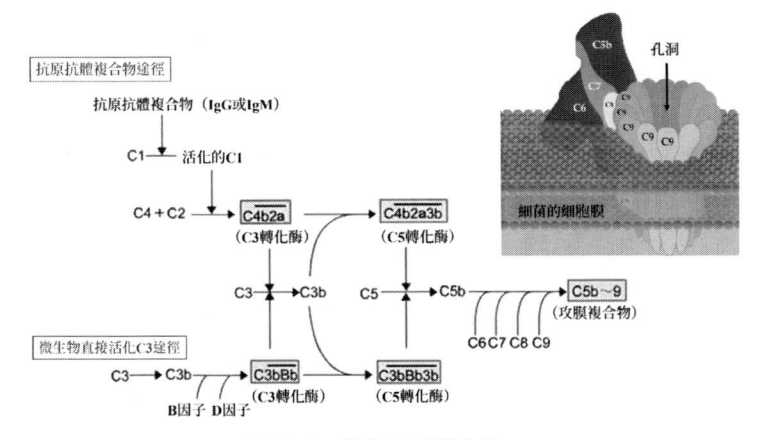

圖 10-9　動物的補體系統

補體是一個非常複雜的系統，含有 C1q、C1r、C1s、C2～C9、D 因子、B 因子、H 因子、I 因子等數十個蛋白因子（圖 10-9）。現在我們知道，無脊椎動物的 C3 才是這個系統的起始分子，C1、C2、C4 是在脊

第十章　生物之間的協同、攻防與競爭

椎動物中才發展出來的，以和抗體路線銜接，所以應該把 C3 叫做 C1 才對，不過這種編號也不必去糾正了。

補體系統的訊息傳遞主要依靠這些蛋白的蛋白酶活性，把下游的蛋白切成大的和小的兩段，大的叫 b，小的叫 a，如 C3 可以被切為 C3a 和 C3b 兩部分。這些片段又可以組成新的蛋白酶，切斷更下游的蛋白質，最後形成攻擊細菌細胞膜的複合物。

血液中的 C3 能緩慢地裂解自己，變成 C3a 和 C3b。C3b 迅速被血液中的 H 因子和 I 因子滅活，因此血液中 C3b 的濃度極低。但是如果 C3b 透過自己的硫脂鍵和細胞膜上的羥基或者胺基共價結合，C3b 就不受 H 因子和 I 因子滅活，而可以結合 B 因子。與 C3b 結合的 B 因子被 D 因子切斷為 Ba 和 Bb 兩段，其中 Ba 游離到液體中，Bb 和 C3b 仍然結合在一起，形成 C3bBb（圖 10-9 左下）。這個 C3bBb 就是 C3 轉化酶，可以把更多的 C3 切成 C3a 和 C3b，形成一個正回饋迴路，產生越來越多的 C3b。

新形成的 C3b 又能與 C3bBb 結合，形成 C3bBb3b，這個複合物具有 C5 轉化酶的活性，可以把 C5 切成 C5a 和 C5b。C5b 可以結合 C6，C6 又可以結合 C7，這樣依次結合下去，最後 C8 結合 C9。C9 的作用類似於穿孔素，可以在細胞膜上形成孔洞，讓細胞內容物洩漏而死亡。

現在的問題是，細胞如何區分敵我？C3b 透過硫脂鍵與細胞膜上的羥基或者胺基結合時，是無法區分敵我的，因為細菌和自己細胞的表面都會有這些基團。動物採用的辦法，是在自己的細胞上表達一些調節蛋白，如 CD35、CD46、CD55、CD59 等，阻止 C3b 被 B 因子和 D 因子活化的過程，而入侵的細菌並沒有這些調節蛋白，C3b 的活化過程就可以在細菌表面一直進行下去，最後導致細菌的死亡。因此在這裡，動物並不是去認識入侵的細菌，而是根據這些細菌沒有「免死牌」（調節蛋白）

第七節　動物的防衛系統

而將其摧毀的。

從 C3 開始的補體系統出現的時間非常早。約在 13 億年前，和水螅同屬刺細胞動物的海葵就已經有了 C3 和 B 因子，而且 C3b 也用硫脂鍵與外來分子形成共價鍵。補體系統後面的成分，從 C6 到 C9 都含有與穿孔素分子彼此相連、在細胞膜上形成孔洞的膜攻擊複合物／穿孔素域（MACPF 域），形成最初的補體系統。

到了脊椎動物，補體系統又和抗體系統搭上線，透過 C1 與結合有外來分子的抗體結合而被活化，再依次活化 C2 和 C4，形成 C4b2a（圖 10-9 左上）。C4b2a 也是 C3 轉化酶，能把 C3 切成 C3a 和 C3b，進入上面敘述過的路線，這樣抗體系統也可以利用補體系統來攻擊外來微生物了。

脊椎動物對抗病毒的干擾素

吞噬細胞和補體系統主要是針對細菌的，為了對付病毒的入侵，動物也使用真菌和植物都使用的 RNA 誘導沉默複合體來降解病毒的 RNA（參見本章第五節和第六節）。在脊椎動物中，還有非特異的對抗病毒的蛋白分子，這就是干擾素。

脊椎動物的細胞在受病毒感染時，會分泌干擾素，通知周圍的細胞：有病毒入侵！它們透過細胞上面的干擾素受體，啟動周圍細胞對抗病毒的活動，那就是抑制細胞合成蛋白質。由於病毒的繁殖需要被感染的細胞為它們合成所需要的蛋白，抑制細胞的蛋白質合成就相當於抑制病毒的繁殖。

干擾素的這個活性不僅對各種病毒都有抵抗作用，而且還不區分受病毒感染的細胞和正常細胞。這有點像用化療來殺滅癌細胞，同時也殺滅分裂快的正常細胞，所謂「殺敵一千，自損八百」。所以干擾素大量分

第十章　生物之間的協同、攻防與競爭

泌時人會覺得不舒服，像得了重感冒，但它畢竟是動物對抗病毒的一種方式。

以上這些防禦機制都與生俱來，不需要學習就能夠工作，屬於先天性免疫系統。先天性免疫針對性差，「一處見敵，四處開炮」，雖然有效，但是代價也很高。動物的先天性免疫也沒有記憶能力，對於同一微生物的反覆攻擊，每次都是臨時應對。從脊椎動物開始，動物還發展出了針對性強、具有記憶功能的免疫系統，這就是適應性免疫系統。

脊椎動物的適應性免疫系統

脊椎動物的適應性免疫能像細菌的 CRISPR 系統那樣，記住已經遭遇過的微生物，以後在遇到同樣的攻擊時，能迅速做出針對性的反應。由於在遇到同樣的攻擊時只動員針對這個敵人的資源，成本就大大降低了，而且集中力量打擊個別目標，效果也比遍地開花要好。

動物的適應性免疫系統要記住入侵的微生物，首先要辨識這些微生物。Toll 樣受體 TLR 只能辨別微生物的一些共同特點，而不能辨識各種微生物之間比較細微的差別，十來種 TLR 也無法對成千上萬種微生物進行區分。要在微生物的汪洋大海中辨識並且記住某個特定的微生物，必須要有能特異辨識各種微生物的受體。

脊椎動物辨識特定微生物的方法，是辨識微生物的蛋白質。DNA 只由 4 種去氧核糖核苷酸單位組成，而蛋白質由 20 種胺基酸組成，同樣單位數的 DNA 和蛋白質片段，後者包含的訊息量要大得多，也就可以提供更高的解析度。例如，10 個鹼基對的 DNA 片段有 4^{10} 種，即 131,072 種組合方式，而 10 個胺基酸組成的肽鏈有 20^{10} 種，即 1.024×10^{13} 種組合方式。

第七節　動物的防衛系統

但是入侵的微生物有成千上萬種，它們具有的蛋白質種類更多，如果每個蛋白質都要一種受體來辨識和記憶，那就需要數以億計的基因來為這些受體蛋白質編碼，而人類的基因總數也不過兩萬多個，顯然這是不現實的。脊椎動物採取的辦法，是透過少數基因所含片段的隨機組合產生千千萬萬種不同的蛋白質。這有點像基因外顯子的選擇性組合，用同一個基因產生多個蛋白質（參見第三章第二節），但是規模要大得多，而且選擇性組合的機制也不同。

脊椎動物用來辨識入侵微生物的蛋白質分子由兩類肽鏈組成。一類肽鏈較長，叫做重鏈，另一類肽鏈較短，叫做輕鏈。它們形成的機制相似（圖 10-10）。

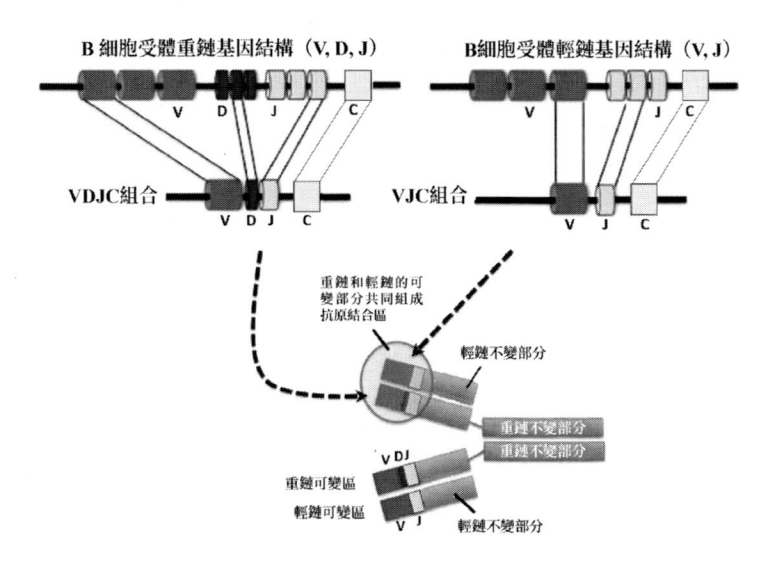

圖 10-10　B 細胞受體形成的機制
為簡潔起見，V、D、J 單位每種只畫出 3 個。

重鏈的基因含有許多 DNA 片段，叫做組合單位，分為 V、D、J 三種。每個組合單位的旁邊都有特殊的 DNA 序列，叫做重組訊號序列

第十章 生物之間的協同、攻防與競爭

（RSS）。重組酶能辨識這些 RSS，並透過這些序列隨機地把一個 V 單位、一個 D 單位和一個 J 單位組合在一起，其餘的組合單位則被切除掉。由於重鏈基因含有大量的組合單位，如人的重鏈基因就含有 44 個 V 單位、27 個 D 單位、6 個 J 單位，而且在這些單位組合的過程中，末端去氧核糖核苷酸轉移酶還可以在這些單位上增加額外的鹼基對，能形成的 VDJ 種類就非常多了，叫做重鏈的可變部分。VDJ 可變部分加上基因中的不變部分 C，就能形成千千萬萬種重鏈（圖 10-10 左上）。

輕鏈基因含有組合單位 V 和 J，但是沒有 D。使用和重鏈形成類似的方式，一個 V 單位和一個 J 單位隨機連在一起，其餘的組合單位被刪去，形成 VJ 可變部分，再加上不變部分 C，也能形成許多種輕鏈（圖 10-10 右上）。

兩條輕鏈和兩條重鏈結合在一起，形成大的蛋白複合物，其中輕鏈的可變部分和重鏈的可變部分結合在一起，共同組成結合蛋白質片段的區域（圖 10-10 下）。由於重鏈的 VDJ 部分和輕鏈的 VJ 部分是分別形成的，各自的類型都很多，它們組合在一起就形成種類更多的形式。假設重鏈有一萬種結合形式，輕鏈有一千種結合形式，它們的結合就能形成一千萬種形式的受體，能夠特異結合任何蛋白分子。

在這個蛋白複合物中，輕鏈的不變部分透過二硫鍵（半胱胺酸側鏈巰基－SH 之間相連形成的－S－S－鍵）彼此相連，重鏈之間也透過二硫鍵相連，輕鏈部分向兩邊分開，形成一個 Y 形結構。

這個 Y 形結構可以透過重鏈的不變部分插在一類叫做 B 細胞的淋巴細胞上，成為 B 細胞表面辨識蛋白的受體，叫做 B 細胞受體（圖 10-11 左）。之所以叫 B 細胞，是因為它是在骨髓中形成並且成熟，再被釋放到血流中去的，B 就是骨髓英文名稱的第一個字母。每一個 B 細胞都只表

第七節　動物的防衛系統

達一種受體形式，這樣就有千千萬萬種具有表面受體的 B 細胞，可以辨識和結合各種外來分子。

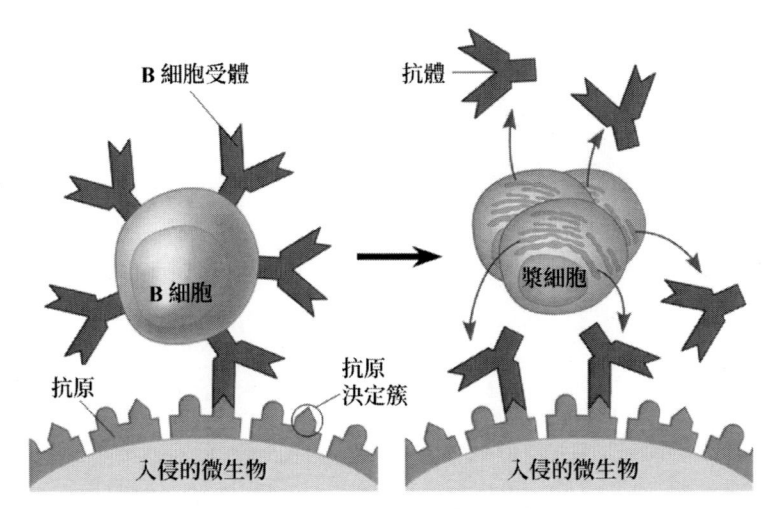

圖 10-11　B 細胞受體和抗體

如果有外來蛋白質分子和 B 細胞上的受體結合，B 細胞就會被活化並且增殖，變成漿細胞（圖 10-11 右）。漿細胞會合成同樣的受體分子，但是這些分子不再變成細胞表面的受體，而是分泌到細胞外，成為能和同一外來分子特異結合的分子，這樣的分子就叫做抗體。因此抗體就是被分泌到細胞外的 B 細胞受體，反過來，B 細胞受體也可以看成是細胞表面的抗體。與抗體分子特異結合的外來分子就叫做抗原。

抗體又叫免疫球蛋白（immunoglobulin，Ig），因不變部分的不同而分為不同的種類，如 IgE、IgA、IgG 等。其中 IgG 是血液中主要的抗體；IgA 主要分泌到各種黏膜的黏液中，保護黏膜細胞，如腸道、呼吸道、尿道、生殖道的細胞；而 IgE 只存在於哺乳動物中，對抗原生動物的感染，也和過敏反應有關。

由於 B 細胞受體的極端多樣性，這些受體不僅能結合蛋白質，也能

第十章　生物之間的協同、攻防與競爭

結合非蛋白分子，如微生物表面的多糖分子、沒有甲基化的 DNA 雙鏈等，產生相應的抗體。這使 B 細胞在辨識各種外來分子的過程中發揮更大的作用。

B 細胞被活化後，除了產生抗體外，還有一部分會保留下來，長期存活，成為對那種外來分子的記憶 B 細胞。如果以後再遇到這樣的分子，這種記憶 B 細胞就會立即做出反應，而不用從頭開始。現在說的疫苗、打預防針，就是利用免疫系統有記憶的特點，先用無害的抗原讓免疫系統記住，以後再遇到擁有同樣抗原的活微生物時就能迅速有效地進行抵抗。

既然 B 細胞受體有那麼多不同的形式，那麼其中必然有一些受體會和動物自身細胞上的分子結合，B 細胞又如何區分敵我呢？動物採取的方法是消滅能辨識自身的 B 細胞。在骨髓中，如果一種 B 細胞能和自身的分子緊密結合，這種 B 細胞就會被消滅掉，只有不和自身分子結合的 B 細胞才發展成熟，進入血流。

這種 DNA 片段透過旁邊的重複序列而從 DNA 中被切除的機制，很可能來自病毒感染而帶來的一種叫做轉座子的 DNA 序列。VDJ 組合過程所用的訊號序列 RSS 和一種叫 transib 的病毒轉座子的重複序列非常相似，組合所用的酶也有相似之處，甚至它們切開 DNA 時所使用的胺基酸（第 605 位和第 711 位的天門冬胺酸和第 960 位的麩胺酸）都相同，說明動物免疫受體重組的機制，很可能來自病毒感染而帶來的 transib 轉座子。因此，脊椎動物能擁有適應性免疫系統，也許還要感謝病毒的一次感染。

抗體的功能

抗體只能與外來物質緊密結合，並不能直接消滅入侵的敵人，但是可以透過多條途徑對抗和消滅入侵的微生物。

活化補體系統

補體中的一個成分 C1q，含有 6 個能結合抗體不變部分的結合點（圖 10-12，也見圖 10-9）。當有兩個或兩個以上的結合點與抗體分子結合時，C1q 就被啟動。沒有結合微生物的抗體的不變部分是彼此分開的，所以不能活化補體系統。而抗體分子與微生物結合時，由於微生物表面的抗原不只一處，會有多個抗體分子與微生物結合，C1q 就能同時結合兩個以上的抗體分子而被活化。C1q 活化後形狀改變，依次啟動 C1r 和 C1s，再啟動 C4 和 C3，活化補體系統。

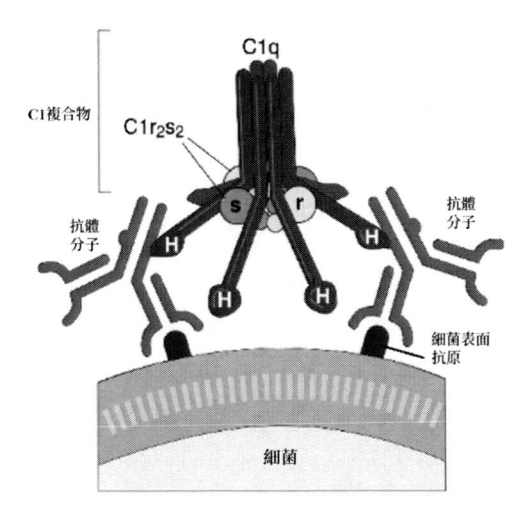

圖 10-12　與微生物結合的抗體活化補體系統的機制

防止病毒進入細胞

病毒是在細胞內部繁殖的，所以要繁殖首先要進入細胞，而這又需要病毒與細胞上面的蛋白結合（參見第九章第三節）。抗體分子結合在病毒顆粒上，就可以防止病毒和細胞表面的分子結合，使病毒無法進入細胞。

替微生物打上「消滅」的標籤

抗體結合在微生物上，也替它們打上「消滅」的標籤。吞噬細胞表面有結合抗體不變部分的受體，能通過微生物表面覆蓋的抗體知道這是應該被摧毀的外來物而加以吞噬。

除吞噬細胞外，動物還有自然殺傷細胞（natural killer cell，NK 細胞），可以辨識被抗體覆蓋的細菌而將這些細菌殺死。不過 NK 細胞不是透過吞噬來殺死細菌，而是分泌各種蛋白質使細菌死亡，如前面談到過的穿孔素和防禦素。

報告敵情的 MHC 分子

動物除了以上的防衛機制，還有報告微生物入侵的機制，以便用更多的方式來對付它們。這種報告敵情的分子叫做主要組織相容性複合體（major histocompatibility complex，MHC）。MHC 有兩大類：第一類報告細胞內有病毒入侵，叫 MHC Ⅰ；第二類報告身體內有細菌入侵，叫 MHC Ⅱ。

MHC 報告敵情的方式，是結合病毒和細菌蛋白質的片段，將它們呈現在細胞表面上，讓相關的細胞來辨識它們，然後採取措施。這些蛋白質小片段是在動物細胞的內部生成的。如上面談到過的，由於蛋白質是由 20 種胺基酸組成的，短短的肽鏈也能提供非常高的解析度，能據此來區分不同的微生物或者病毒。

報告病毒入侵的 MHC Ⅰ

人體裡面幾乎所有的細胞（除紅血球外）都有 MHC Ⅰ（圖 10-13 左）。這些細胞把細胞裡面的各種蛋白質，包括入侵病毒的蛋白進行取樣，即

第七節　動物的防衛系統

把它們切成 9 個胺基酸左右長短的小片段，讓它們結合於 MHC Ⅰ上，再和 MHC Ⅰ一起被轉運到細胞表面。如果呈現的是細胞自己的蛋白質片段，免疫系統就會置之不理。但是如果細胞被病毒入侵，產生的病毒蛋白質就會這樣被 MHC Ⅰ「告密」，免疫系統就知道這些細胞被病毒感染了。所以病毒不管感染什麼細胞，都會被「檢舉」。

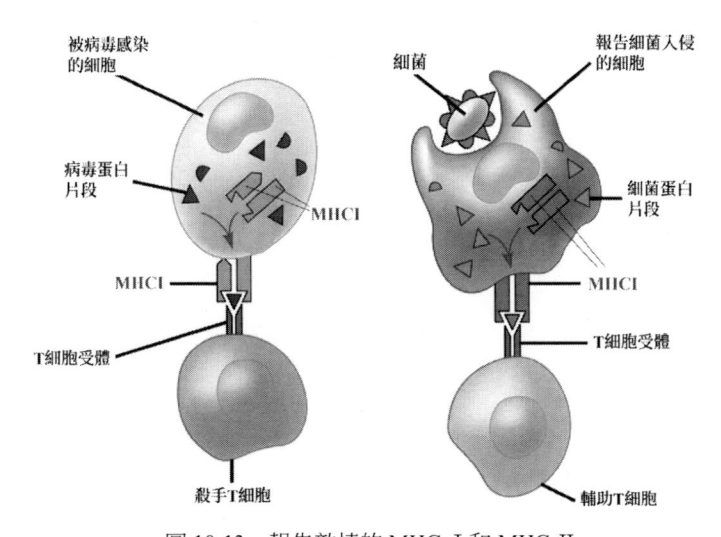

圖 10-13　報告敵情的 MHC Ⅰ和 MHC Ⅱ

　　直接接收 MHC Ⅰ提供的訊息並且做出反應的是一種 T 細胞，叫細胞毒性 T 細胞或者殺手 T 細胞。之所以叫 T 細胞，是因為它們在骨髓中生成後，是在胸腺中成熟的，T 就是胸腺英文名稱的第一個字母。它們在意識到細胞表面由 MHC Ⅰ「檢舉」的病毒蛋白小片段後，能夠把這些被病毒感染的細胞殺死。

　　殺手 T 細胞在發現被病毒感染的細胞後，會釋放顆粒酶和穿孔素。顆粒酶透過穿孔素的作用進入被病毒感染的細胞，在那裡啟動細胞的自殺程序，讓細胞自行了斷，這個過程叫細胞的計畫性死亡（參見第五章第八節）。吞噬細胞再來收拾殘局，把死亡細胞的碎片吞食掉。

第十章　生物之間的協同、攻防與競爭

報告細菌入侵的 MHC II

　　細菌侵入身體後，會被吞噬細胞上的 Toll 樣受體 TLR 探測到並且吞噬（參見本節前面部分），它們的蛋白質也被切成小片段。不過這些小片段不是結合於 MHC I 上，而是結合於 MHC II 上，和 MHC II 一起被轉運到細胞表面，向免疫系統報告（圖 10-13 右）。

　　除了巨噬細胞外，哺乳動物還有樹突細胞。它們通常位於細菌最容易進入的前線，如皮膚、鼻腔、肺、胃腸的黏膜。它們也用 Toll 樣受體 TLR 探測到細菌並將其吞噬，也把細菌蛋白質的小片段結合於 MHC II 上，再呈現在細胞表面。

　　B 細胞透過表面受體探測外來蛋白分子的存在後，還能透過內吞作用把結合到受體上的外來蛋白吞入細胞內，對其進行加工，形成的蛋白質小片段也結合於 MHC II 上，呈現在細胞表面。吞噬細胞、樹突細胞和 B 細胞都使用 MHC II 來報告敵情，MHC II 分子也只在這些細胞中表達。

　　接收 MHC II 提供的訊息的任務，是由另一類 T 細胞輔助 T 細胞來執行的。輔助 T 細胞自身並不能消滅細菌或者病毒，而是促進其他免疫細胞的功能，所以叫做輔助 T 細胞。輔助 T 細胞可以啟動殺手 T 細胞直接殺死細菌，也可以啟動 B 細胞分泌抗體來對付這些細菌，還可以分泌干擾素，促進吞噬細胞的吞噬作用，並且產生活性氧分子來殺死被吞進的細菌。

　　MHC I 和 MHC II 都有許多變種，以結合各種蛋白質片段，但是每個人只能具有其中的兩種（從父親得到一種，從母親得到一種）。由於變種的數量是如此之大，每個人得到這些變種的過程又是隨機的，因此地球上沒有兩個人的 MHC 組合情況是一樣的，除非是同卵雙胞胎。

　　這種情形的一個後果就是器官排斥。當一個人的器官被移植到另一個人的身體裡面去時，器官上 MHC 分子的類型由於與接收方不同，就

會被接收方當作外來物質而加以攻擊。由於 MHC 是引起器官排斥的主要分子，因此被稱為主要組織相容性抗原。器官移植前要配型，就是要尋找 MHC 類型盡量相同的器官，以減少排斥的程度。

第八節　動物的解毒系統

動物是一個開放系統，透過進食獲得自己所需要的有機物，而吃下的東西中常常會含有一些對身體有害的物質，即毒物。這些分子一般比較小，不能引起免疫系統的反應，動物也必須有對付這些有毒分子的方法，這就是排毒和解毒。排毒是直接將有毒分子排出體外，解毒是將有毒分子加以修改，減少它們的毒性，或者增加它們的水溶性，使它們易於排出。

生物直接排毒的方法

生物直接排毒的機制在原核生物中就發展出來了。微生物之間不光有合作，也有戰爭，分泌對其他微生物有害的分子來殺滅對方。細菌對付這些有害分子的一個方法，就是直接將進入自己細胞的有害物質排出去。這是由一類位於細胞膜上的蛋白質來完成的，由於這類蛋白能將各種結構不同的有害物質排出去，所以叫做多藥耐藥（multiple drug resistance，MDR）蛋白。

MDR 對生物的生存有利，因此也被動物繼承下來。例如，人小腸的腸壁細胞就表達 MDR，將許多化合物包括許多藥物排回腸道中。這既可以減少有毒分子進入身體，又會減少一些藥物的吸收。癌細胞也表達 MDR，將許多化療藥物送出細胞外，降低這些藥物的效能。

第十章　生物之間的協同、攻防與競爭

　　MDR 這層防禦不是完全有效的，還是有許多化合物能逃過 MDR 的驅趕作用，留在動物體內。這時動物就要使用另一種方法來對付這些分子了，這就是對這些分子進行解毒。

肝臟的解毒系統

　　解毒系統在動物的許多細胞中都存在，但主要存在於肝臟內，因為食物成分經消化道吸收後先沿著門靜脈到肝臟，所以這裡可以看成人體的海關，一切外來物質都首先到達這裡被檢查，有害的物質被銷毀，而不是原封不動地到達身體的其他組織。肝臟對這些化合物解毒的主要原理有兩條：一是使它們變得更溶於水，因而能更容易地被排出去；二是對它們進行修改，降低它們的毒性。

第一線的解毒酶 ——
替外來分子加上氧原子的細胞色素 P450

　　這類酶可以在外來分子上加上氧原子，增加它們的水溶性。

　　在第一章第五節中，我們已經介紹過分子的親水性和憎水性。氧原子由於有很強的吸電子的能力，常常把分子中與相鄰原子共用的電子吸引到自己一邊，使自己帶部分負電，相鄰原子帶部分正電，這些電荷就會與水分子上的電荷相互作用，使這些分子比較容易溶於水。許多毒物在水中的溶解度比較低，要增加這些化合物的水溶性，使它們易於排出，一種方法就是在這些分子上加上氧原子。

　　但是許多碳氫化合物在化學上是惰性的，要在上面加氧原子，僅靠蛋白質自己是不夠的，還需要能與氧原子相互作用的輔基。血紅素輔基的中心有一個鐵原子，就可以結合氧原子，被血液中的血紅素用來輸送

第八節 動物的解毒系統

氧氣；而在肝臟中，含有血紅素輔基的蛋白質就可以催化在有毒分子上加氧的反應。如果讓它們結合一氧化碳，就會在 450 奈米的波段上顯示出一個吸收峰，所以這些蛋白質也被稱為細胞色素 P450（cytochrome P450，CYP）。

由於毒物分子各式各樣，單靠一種 CYP 來替它們加氧是不夠的，於是動物發展出了多種 CYP。例如，人的肝臟中就有 57 種 CYP，分為 17 個家族、30 個亞族。在為不同的 CYP 命名時，家族用數字表示，亞族用字母表示，亞族中具體的蛋白質又用數字表示。例如，CYP2C9 就表示是第二家族 C 亞族中的第 9 個蛋白質。CYP3A4 是肝臟中最主要的 CYP，許多藥物都是被它修改而被排出的。

CYP 替外來分子加氧有兩種方式：一種是在碳原子和氫原子之間加上一個氧原子，形成羥基，增加其水溶性。另一種是在碳－碳雙鍵（C＝C）上加上一個氧原子，形成一個由碳－碳－氧組成的環狀化合物，叫環氧化合物（圖 10-14）。

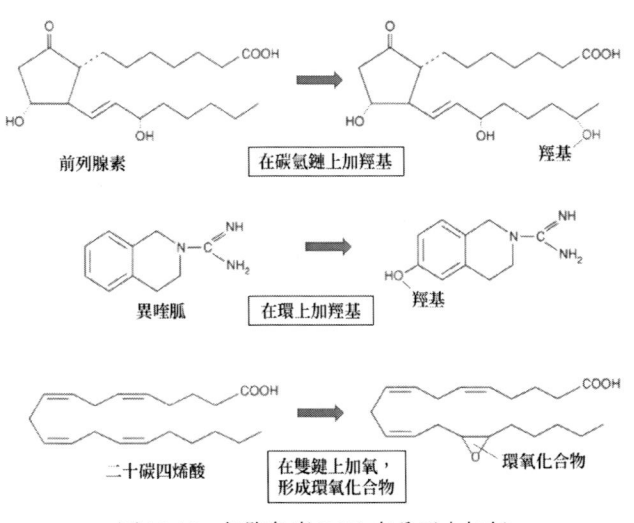

圖 10-14　細胞色素 P450 在分子上加氧

第十章　生物之間的協同、攻防與競爭

　　由於 CYP 是最先對外來分子進行修改的，所以被稱為第一線的解毒酶。第一線解毒酶形成的環氧化合物仍然有毒，需要有處理它們的酶，這就是第二線的解毒酶。

第二線的解毒酶

　　肝臟解毒的第一步所生成的環氧化合物是不穩定的，它會和生物大分子反應，連接到這些生物大分子上，改變它們的性質，使它們失去活性，因此環氧化合物是有毒的。為了消除這些環氧化合物的毒性，肝臟裡有兩種酶來對環氧化合物做進一步的修改，叫做第二線的解毒酶（圖 10-15 左）：一種叫做環氧化物水解酶，它在環氧結構上加一個水分子，把它變成兩個相鄰的羥基，消除其毒性。另一種是穀胱甘肽轉移酶，它把一個分子的穀胱甘肽直接轉移到環氧結構上。由於穀胱甘肽是高度溶於水的分子，這樣不僅消除了有害的環氧結構，也大大增加了外來化合物的水溶性，使之更容易被排出體外。

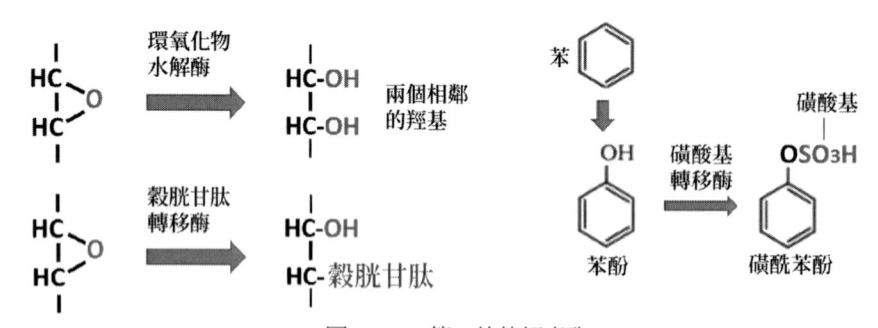

圖 10-15　第二線的解毒酶

　　磺酸基轉移酶能夠在羥基上再連上磺酸基（－ SO$_2$OH，其中的 3 個氧原子都直接和硫原子相連），大大增強化合物的水溶性。例如，苯（一種由 6 個碳原子連成環狀，每個碳原子上再連一個氫原子的化合物）進入

第八節 動物的解毒系統

人體後被代謝的一個產物就是苯酚（苯環上面連一個羥基）。這雖然增加了水溶性，但是還不夠，而且苯酚自身也是有毒的化合物。而在連上磺酸基後，不但苯酚的毒性大大降低，水溶性也增高許多，就容易被排出了（圖 10-15 右）。

葡萄糖醛酸轉移酶是另一種這樣的酶，它能在苯酚的羥基上連上高度水溶性的葡萄糖醛酸，降低苯酚的毒性，並且進一步提高苯酚的水溶性，使其更容易被排出體外。

修改有毒分子，降低其毒性的酶

肝臟中還有其他酶能修改有毒化合物，使其毒性降低。例如，許多含有胺基的化合物是有毒的，包括前面談到的生物鹼（參見本章第六節）。肝臟能在這些胺基上戴個帽子，即透過乙醯基轉移酶將乙醯基團連到胺基上，將它們掩蓋住，這些胺基的毒性就大大降低了。

解毒系統不是萬能的

動物的這套解毒系統並不能對所有的有毒分子都進行解毒。氰化鉀、砒霜、一氧化碳、蛇毒、蘑菇毒等有毒物質，人的解毒系統就無法應對，所以不是「凡毒皆可解」。

而且人肝臟中的解毒系統是根據過去幾百萬年中毒物的狀況發展出來的，對於今天出現的各種人造化合物並不認識，也不知道哪些化合物有毒，哪些沒有毒。面對成千上萬種新的藥物和化學製品，我們的解毒系統仍然按照過去形成的方式來反應，與其說是解毒，不如說是處理。因此，有些反應實際上活化了某些化合物，使其變得更加危險。

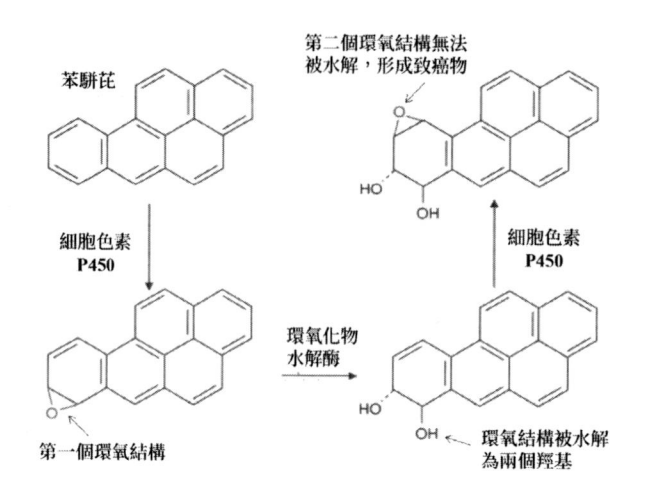

第十章　生物之間的協同、攻防與競爭

圖 10-16　解毒過程可能產生致癌物

　　一個明顯的例子是煤焦油和香菸煙霧中的一種致癌物叫苯駢芘（benzopyrene）的（圖 10-16）。這是一個完全由碳和氫組成的五環化合物。它在化學上是惰性的，本身並不致癌。肝臟對它第一次解毒後，生成一個環氧化合物。這個環氧結構也被環氧化物水解酶順利水解成鄰二酚。但是解毒系統覺得不夠，又再替它加一個氧原子，形成另一個環氧結構。可是這一次，這個新形成的環氧結構就不再能被環氧化物水解酶水解了，它就以這種環氧結構和其他生物大分子相互作用，成為致癌物。

　　另一個例子是黃麴黴素，這是黴變的花生和玉米所產生的一種強烈致癌物。研究顯示，黃麴黴素本身並不致癌，是經細胞色素 CYP3A4 的修飾後才變成致癌物的。CYP3A4 是肝細胞中最主要的細胞色素，所以一旦黃麴黴素進入人體，就不可避免地會被轉化為致癌物，避免黃麴黴素致癌的唯一辦法是不要吃可能帶有黃麴黴素的食物。

第九節　生物防衛系統的適應性增強

　　生物的防衛系統不是固定不變的，而是在接收到傷害訊號時，會主動增強相關的防衛系統。只要傷害性刺激不超過生物能夠承受的程度，這些刺激反而會使生物的抵抗力更強，身體更健康。

　　例如，活性氧對身體是有害的（參見第十一章第二節），然而人在進行體育訓練時，由於需要大量的能量，要消耗更多的氧氣，呼吸加快，讓粒線體生產更多的 ATP，在這個過程中也會產生更多的活性氧，但是經常進行體育訓練的人比很少活動的人更加健康。這是因為身體在接收到活性氧增加的訊號後，會主動增加抗活性氧的酶的生產，不僅能消除體育訓練增加的活性氧的破壞作用，這種上調的狀況還會持續一段時間，使身體對付活性氧的能力更強，更有利於健康。

　　高能射線會破壞生物的 DNA，同時在生物體內產生活性氧，對生物是有害的，原子彈爆炸所引起的輻射病就說明了這一點。但是如果先對生物給予一段時間的低劑量照射，再檢查細胞被高劑量照射引起的損傷，就會發現損傷的程度比對照組低，說明生物已經上調了對付射線照射的防衛系統。相反，如果把各種細胞（包括細菌、酵母、草履蟲、人類細胞和倉鼠細胞）放在地下深處，並且用鉛板隔絕外界輻射，細胞反而變得不健康，生長緩慢，對各種毒物的抵抗力下降，說明生物的防衛系統是需要訓練的，缺乏傷害性刺激會使這些系統的效能下降。

　　除了低劑量的活性氧和高能射線，低程度或低劑量的飢餓、高溫、缺氧、缺血、機械傷害、化學毒物（如戴奧辛、多環芳香碳氫化合物、乙醇、乙醛）、抗生素（如紅黴素、鏈黴素）、抗病毒藥（如膠黴毒素、香豆素、阿德福韋、抗錐蟲和絲蟲藥物蘇拉明等）也有促進健康的效果，說

第十章　生物之間的協同、攻防與競爭

明防衛系統在傷害性刺激面前的適應性增強是一個非常普遍的現象。

　　就連植物也需要訓練。在美國亞利桑那州的生物圈（一個與外界隔絕的自我維持的生態系統）中，樹木生長良好，但是長到一定程度樹枝就會因為自身的重量而斷裂。一開始人們對這種現象感到困惑：這些樹什麼也不缺啊，而且有些條件比野外還好。後來才發現，樹枝斷裂是因為生物圈中沒有風，樹枝在生長過程中沒有受到風所帶來的機械力的刺激，因而強度不足。是風力造成的枝幹變形（也是一種傷害性刺激）給了樹木訊號，使樹枝以後能抵禦更強的風。風也相當於是植物被動的體育訓練。

第十一章

生物的壽命祕密

第十一章　生物的壽命祕密

經過幾十億年的演化，地球上的生物在複雜性和生理功能上都獲得了令人驚異的成就，但是沒有一種生物發展出了永保青春的方法。所有的生物，無論是原核生物還是真核生物中的動物、植物和真菌，都會衰老和死亡，即沒有永生的生物體。這似乎有些難以理解：生物能發展出高度精巧的結構和強大的功能，卻不能發展出能保持這些結構、讓它們永遠工作的機制，就像有能力建造一棟豪華的住宅，卻沒有能力維護它。

從出生到死亡的時間就是生物的壽命。雖然所有的生物都由細胞組成，都由磷脂組成細胞膜，都用 DNA 作為遺傳物質，都用蛋白質作為生命活動的主要執行者，而且使生命運行的最基本的化學反應也相同，但是不同生物之間的壽命卻差異極大。

例如，動物中的蜉蝣幼蟲生活大約兩個星期，成蟲只生活不到一天，真可謂「朝生暮死」（圖 11-1 左下），而一隻北極蛤的壽命卻至少有 507 歲（圖 11-1 左上），彼此相差一萬倍以上。即使同為哺乳動物，小鼠的壽命是 2～3 年；狗的壽命是 10～13 年；大象的壽命是 60～70 年，差別也有幾十倍。動物如此，藻類和植物也一樣，綠藻中的團藻只能活 4 天，就被自己身體裡面孕育出來的新團藻取代；沙漠中的短命菊在下雨後的幾週內，就完成從萌發、開花到結籽的全過程（圖 11-1 右下）；而美國西部的芒松，則已經活了 4,851 歲（圖 11-1 右上），在其出生之日，中國第一個有紀錄的朝代——夏朝（約西元前 2070 年～前 1600 年）還沒有出現。

為什麼生物都會衰老和死亡，而且壽命的差別能夠如此之大？引起生物衰老的機制是什麼？生物又用什麼辦法來對抗衰老？科學家們對這些問題進行了大量的研究，得出了許多成果。

第一節　生物衰老的過程

北極蛤 被捕獲時507歲　　　　芒松 2021年4,852歲

蜉蝣 幼蟲壽命兩個星期，成蟲一天　　短命菊 壽命不到一個月

圖 11-1　地球上壽命最長和最短的動物和植物

第一節　生物衰老的過程

　　人的一生中，如果不是因各種原因早夭，身體都會經歷衰老的過程：組織結構逐漸老化，生理功能逐漸衰退，皮膚變薄、皺紋增加、肌肉萎縮、骨質疏鬆、牙齒脫落、頭髮稀疏、聽力減退、視物不清、記憶力減退、抵抗力下降、患癌症和心血管疾病的機率增加等。衰老是我們死亡最根本的原因，人的死亡率隨年齡增加就說明了這一點。哺乳動物也有類似的生老病死的過程，狗和貓就是我們熟悉的例子。

　　植物也會衰老。一年生的植物如水稻、玉米、高粱，結實以後就葉片變黃枯萎，然後死亡。多年生的植物如桃樹和蘋果樹，也會衰老，表現在生長變慢，果實數量減少，抵抗微生物侵襲的能力下降，最後死亡。

第十一章　生物的壽命祕密

真菌也有衰老現象。例如，釀酒酵母透過出芽進行繁殖，母細胞在出芽 25 次左右後，就失去繁殖能力，顯示出衰老跡象，細胞變大，細胞膜上疤痕增加，細胞核外的環狀 DNA 累積，最後死亡。

就連細菌都會衰老。大腸桿菌是桿狀的，所以有兩極（相當於桿的兩端）。細胞分裂時，在分裂處會形成新的極，這樣每個細胞都有一個上一代細胞的極（老極）和新形成的極（新極）。細胞再分裂時，就會有一個子細胞繼承老極，另一個子細胞繼承新極。總是繼承上一代新極的子細胞一直保持活力，而總是繼承上一代老極的細胞就像酵母菌的母體細胞那樣，生長變慢，分裂週期加長，死亡率增加。

這些事實說明，衰老是生物界中一個相當普遍的現象。

生物的衰老可以分為快速衰老和慢性衰老。由於生物之間壽命差別極大，快速和慢性都不能用時間的絕對長度來定義，而是要看衰老過程的時間（一般是從生殖完成到死亡的時間）和該生物整體壽命比較的相對值。例如，線蟲在生殖過程完成後還能活大約兩星期，是很短的，但是線蟲的壽命總共也只有大約 17 天，所以線蟲有一個相對漫長的衰老期，占壽命的 80% 以上；人的壽命大約是 80 歲，而衰老期大約是 50 年，比線蟲兩星期的衰老期長得多，也屬於慢性衰老，但是衰老期占總壽命的比值還不如線蟲，在 63% 左右。

蟬從卵孵化、幼蟲入土、出土、上樹、蛻變、交配、產卵、死亡，總壽命可以長達 17 年，但是從出土、交配、產卵到死亡，大約只有 6 星期，雖然比線蟲 2 星期的衰老期長得多，但只占總壽命的 1%，所以屬於快速衰老。許多一生只繁殖一次的生物也用快速衰老的方式在生殖完成後很快結束自己的生命，如昆蟲中的家蠶、蜉蝣，軟體動物中的章魚，魚類中的太平洋鮭魚，哺乳動物中的澳洲袋鼬等。

鮭魚的壽命 3～4 年，但是洄游到繁殖地產卵後就會在幾星期內死亡。整個衰老過程就像一部快速放映的電影：皮膚變薄、肌肉萎縮、骨質疏鬆、腫瘤發生，所有這些和人類衰老非常相似的過程在幾星期內就完成了。雄章魚和澳洲雄袋鼬在交配後很快死亡，也屬於快速衰老。

黃豆在結莢並且莢中的黃豆逐漸長大之時，葉片就逐漸變黃枯萎，它們之中的營養也被轉移到正在長大的黃豆中。如果除去豆莢，或者只除去豆莢中正在長大的黃豆，葉片就繼續保持綠色並且存活，說明黃豆葉片的衰老是由種子加速的，也是快速衰老。

由於衰老和衰老引起的疾病嚴重影響人生命後期的生活品質，帶來高昂的社會成本，也與人類長生不老的意願相衝突，科學家們對生物衰老的機制進行了大量的研究，也提出了生物衰老機制的各種假說，回答生物怎樣衰老的問題。

第二節　生物衰老的機制

關於生物衰老機制的學說不下數十種，主要有以下幾種。

DNA 損傷的累積

DNA 的序列為蛋白質中的胺基酸序列編碼，並且決定各種蛋白質在什麼時候表達，在什麼地方表達，以及表達多少。DNA 序列的改變可以導致蛋白質中胺基酸序列的改變，使蛋白質的功能降低甚至喪失功能。調控序列的改變使生物不再能在正確的時間、正確的地方表達所需要的蛋白質，也會使生物的正常生理功能逐漸衰減。

DNA 的序列可以透過幾個方式發生改變。一是細胞分裂時 DNA 在複製過程中的錯誤；二是高能射線如紫外線能打斷 DNA 鏈，改變鹼基結構和引起鹼基之間交聯（圖 11-2）；三是活性氧也能造成 DNA 鏈的斷裂、鹼基和核糖的氧化；四是化學物質的攻擊。沒有被修復的損傷就會變成 DNA 序列的永久改變。

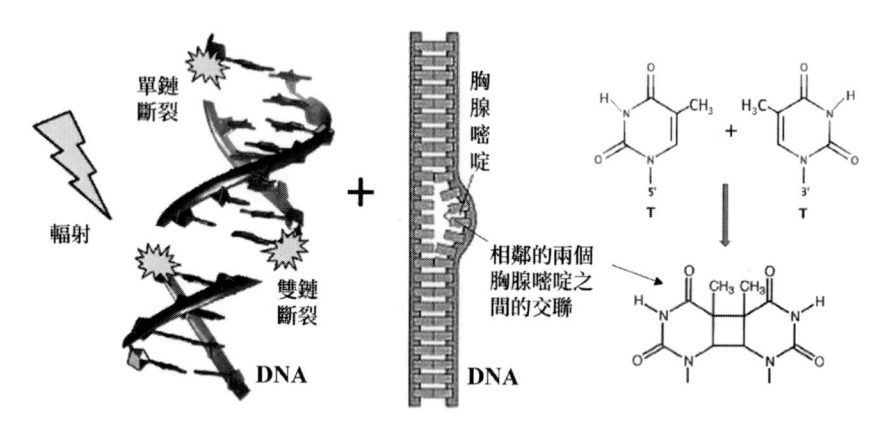

圖 11-2　射線引起的 DNA 鏈斷裂和鹼基之間的交聯

由於這幾個改變 DNA 序列的因素是一直存在的，DNA 的損傷也會逐漸累積，使生物的生理功能逐漸退化，各種疾病的發病率增加。

蛋白質損傷的累積

蛋白質分子是生理功能的主要執行者，包括基因調控，因此蛋白質分子受損會直接影響生物的生理功能。

蛋白質分子需要正確的三維結構才能執行正常功能，但是這種三維結構很容易受到外界因素（如溫度升高和結合錯誤的分子）的影響而改變，進而影響功能。摺疊錯誤的蛋白質還常常會暴露出原先在分子內部的憎水節段，使它們彼此交纏，在細胞中累積，影響細胞的正常活動。

第二節　生物衰老的機制

活性氧會氧化蛋白質分子中一些胺基酸的側鏈，形成帶有羰基的產物，叫做蛋白質的羰基化（圖 11-3 左）。羰基化不僅使蛋白質的功能受損，而且羰基是很活潑的基團，還會和其他分子反應，造成更多的損害。

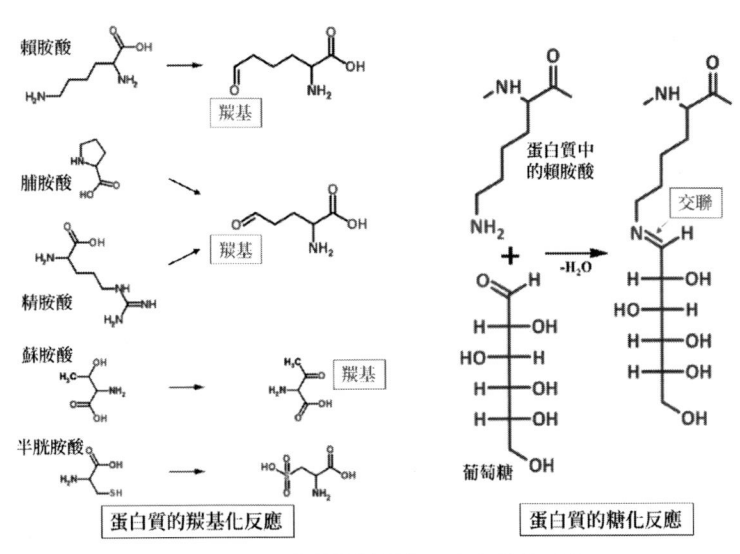

圖 11-3　蛋白質的羰基化反應和糖化反應

活性氧的破壞作用

在生物正常的生理活動中，會產生一類有害物質，叫做自由基。自由基是帶有未配對電子的原子、原子團和分子，如超氧化物（O_2-）和氫氧游離基（$OH·$，其中的圓點代表未配對電子）等。這些未配對電子本來是可以和其他原子形成共價鍵的，但是卻閒置未用，就像一隻可以抓住別的原子的手，所以一般具有高度的化學反應性，能與遇到的幾乎所有分子發生反應。

對生物有害的不僅是自由基，還有非自由基的過氧化物，如過氧化

第十一章　生物的壽命祕密

氫（H_2O_2）。所有這些化合物都含有氧，化學性質活潑，和自由基一起統稱為活性氧，是生物體內產生破壞作用的物質。活性氧能迅速與許多分子發生化學反應，破壞這些分子。除了破壞 DNA 和蛋白質分子，還破壞脂肪酸分子，使細胞膜的結構和功能受到損害。

活性氧可以由外部的原因（如紫外線和 X 光與生物體中的分子相互作用）產生，也是生物正常新陳代謝的副產品（圖 11-4）。新陳代謝之所以會產生自由基，是因為所有的生物都要透過氧化還原反應來獲得能量，其中涉及一個叫醌的分子（參見第二章第七節）。在醌被還原為氫醌的過程中，要經過一個半醌（QH·）的階段，而半醌本身就是自由基，可以和氧分子反應，形成超氧化物。超氧化物可以變為過氧化氫，過氧化氫又可以變為氫氧自由基 OH·。

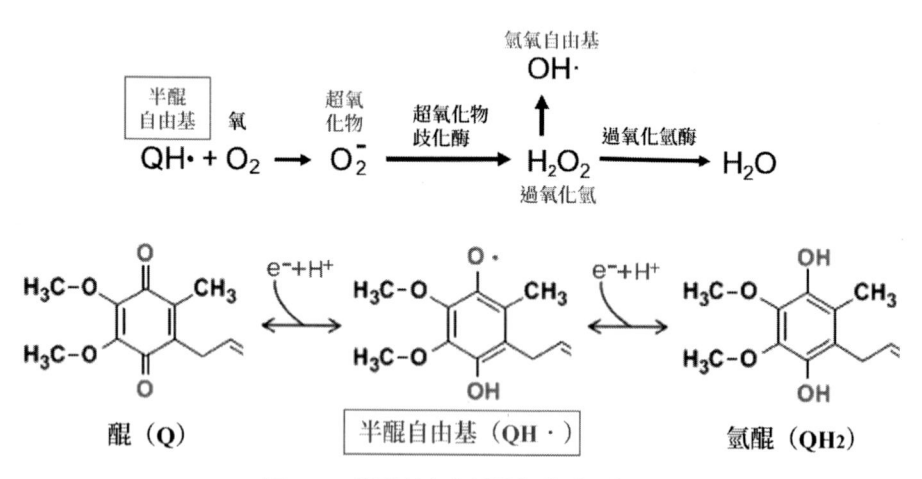

圖 11-4　半醌是產生活性氧的重要來源

由於生物終生都需要以這種方式獲得能量，活性氧也一直在體內產生並且發揮破壞作用，其後果也會逐漸累積，導致生物的衰老。

第二節　生物衰老的機制

生物衰老的端粒學說

從原核細胞變為真核生物，原核生物的環狀 DNA 也變為真核生物的線狀 DNA。這樣一來，DNA 分子就有末端，在這裡兩根 DNA 單鏈就容易鬆開，就像沒有鞋帶扣的鞋帶會從兩端鬆開一樣。暴露的末端也會被細胞認為是 DNA 的雙鏈斷裂，試圖去重新連接，這樣就會把不同的染色體隨機連接在一起，造成大混亂。為了避免這種情況，染色體兩端的 DNA 形成端粒，由一些重複序列和包裹它們的蛋白質組成，以保持 DNA 的穩定性（參見第三章第三節和圖 3-4）。

麻煩的是，這樣的結構在 DNA 分子複製時必須被打開，而且在 DNA 複製過程中，其中一條鏈無法被全部複製，而是會丟掉一段。細胞分裂次數越多，DNA 的末端就丟掉得越多。到了 DNA 的重複序列損失到一定程度時，端粒就無法穩定存在了，細胞也就無法正常地分裂繁殖，下一步就是死亡。端粒就好像是細胞裡面的衰老鐘，每次細胞分裂都會往前走一段，直至時間用完。

生物分子之間的交聯

各種分子中所含的基團之間也會發生化學反應，將分子連接在一起，叫做分子之間的交聯。這些反應不是生物體內正常的化學反應，也不由酶來催化，而且常常是不可逆的。

例如，葡萄糖上的羰基能夠自發地（即不需要酶催化）與其他分子上的胺基發生反應而結合。這個胺基可以是蛋白質中賴胺酸、精胺酸側鏈上的胺基，也可以是 DNA 中鹼基上的胺基，還可以是磷脂中磷脂醯乙醇氨上的胺基。這些反應一開始是可逆的，但是反應後附近的化學鍵常常會重

第十一章　生物的壽命祕密

新安排，反應就不可逆了，使糖分子永遠連接到這些分子上（圖 11-3 右）。

透過酶催化加到蛋白質上的糖基有固定的地點，後果也是正面的（參見第三章第八節）；而透過非酶方式加到蛋白質分子上的糖基的位置是隨機的，後果也是有害的，會影響蛋白質的正常摺疊狀態，導致功能喪失，例如，使眼睛中晶狀體的渾濁，導致白內障；使膠原蛋白失去彈性，使皮膚產生皺紋；與酶和轉錄因子的交聯更會大幅影響細胞的正常工作。這樣連上糖分子的蛋白質分子還可以抵抗蛋白酶的水解，成為細胞中不斷累積的廢物，影響細胞的功能。

DNA 的鹼基上連上糖分子會干擾轉錄過程，還會使 DNA 發生突變。與組蛋白的交聯會影響染色質的結構，導致基因表達不正常。與磷脂的交聯則會破壞細胞膜的結構。

由於這些反應在身體裡面是一直在進行的，隨著年齡增加，被交聯的各種分子也會越來越多，被認為是衰老的另一個原因。

第三節　生物對抗衰老的方法

由於有這麼多種因素能使生物衰老，如果生物沒有對抗這些因素的機制，早就已經滅亡了。這些對抗機制是在生物長期的演化過程中發展出來的，能有效地延緩生物的衰老。

DNA 的修復機制

由於地球上的生物一誕生就在太陽光紫外線的照射之下，維護 DNA 分子的完整性是首先要解決的問題。從原核生物開始，生物就發展出了

非常完善的修復DNA損傷的機制，可以將斷裂的DNA鏈重新接上。一條DNA鏈受損，也可以用另一條鏈作為模板加以修復。

原核生物的光裂合酶能將因紫外線照射而連在一起的兩個胸腺嘧啶分開，恢復原來的狀態（圖11-5右）。這個酶在真核生物中的真菌、植物和多數動物中都繼續使用，但是動物中的哺乳動物不再使用光裂合酶，而是剔除鹼基發生交聯的DNA片段，用新合成的DNA鏈代替。

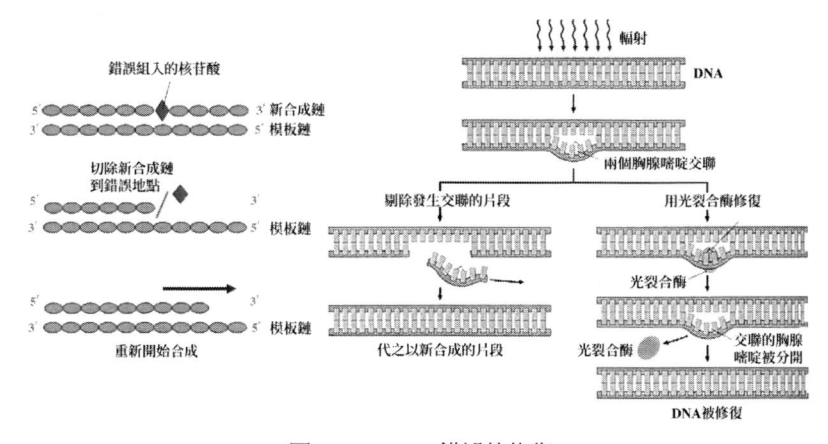

圖11-5　DNA錯誤的修復

DNA複製不是100%準確的，在合成新DNA鏈時會偶然加入錯誤的核苷酸，在這個地方鹼基就不再配對。生物能發現這些不配對的地方，將DNA鏈切回到發生錯誤的地點，組入正確的核苷酸，重新開始合成新的DNA鏈（圖11-5左）。

這些修復機制可以修復絕大多數DNA損傷。據估算，我們身體裡面的每個細胞每天都會產生數千個DNA損傷，但是人到30歲時，每個細胞DNA累積起來的損傷一般只有幾百個，即只有1／100,000的損傷被累積，修復率為99.999%。

第十一章　生物的壽命祕密

防止和處理蛋白質損傷的機制

　　為了防止蛋白質分子錯誤摺疊，生物有一類蛋白質可以結合在新合成的肽鏈上，防止它們摺疊成錯誤的三維結構。溫度高時，蛋白質分子的三維結構容易受到破壞，即所謂變性（如雞蛋被煮後蛋白凝固），這時生物就增加這些蛋白質的生產量，減少蛋白變性，所以這類蛋白質叫做熱休克蛋白（heat shock protein，HSP），如 HSP90、HSP70、HSP90 等，其中的數字表示蛋白質的相對分子質量，以千計，如 HSP70 就是指相對分子質量為 70,000 的熱休克蛋白。

　　在蛋白開始變性時，一些小的熱休克蛋白（如 HSP40）能結合在這些蛋白上，防止它們繼續變性。HSP70 能使用 ATP 提供的能量，使這些蛋白質重新摺疊成正確的形狀。如果不能糾正，熱休克蛋白就會在這些蛋白質上打上「銷毀」的標籤，即連上一種叫「泛素」的蛋白質，讓其在細胞裡面被蛋白體降解（圖 11-6）。

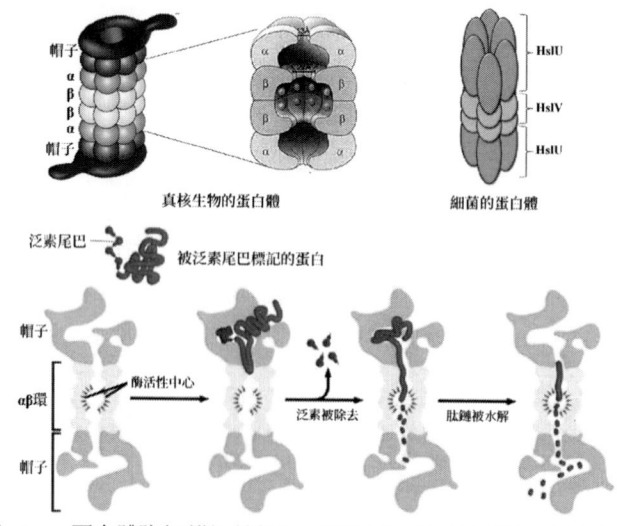

圖 11-6　蛋白體降解錯誤結構的蛋白質或者不再需要的蛋白質

生物對抗活性氧的機制

生物有一整套系統來對抗活性氧的破壞作用。超氧化物歧化酶（superoxide dismutase，SOD）能夠將超氧化物轉變為過氧化氫和氧（圖 11-4 上），這是生物對抗活性氧的第一道防線。

原核生物的細胞就含有多種 SOD，包括含銅和鋅的 SOD（Cu-Zn－SOD）、含鐵的 SOD（Fe－SOD）、含鎳的 SOD（Ni－SOD），以及含錳的 SOD（Mn－SOD），說明從原核生物開始，生物就有對付超氧化物的酶。

在真核生物中，粒線體是產生活性氧的主要地方，而且氧可以從粒線體內膜的兩邊與半醌反應，生成超氧化物，生成的超氧化物還可以進入細胞質。為此細胞準備了多種 SOD（圖 11-7）。例如，在人的細胞中，銅鋅 SOD 位於粒線體的內膜和外膜之間，以及細胞質中；錳 SOD 則位於粒線體內膜的內側。細胞外還有另一種銅鋅 SOD，以對付細胞外產生的超氧化物。

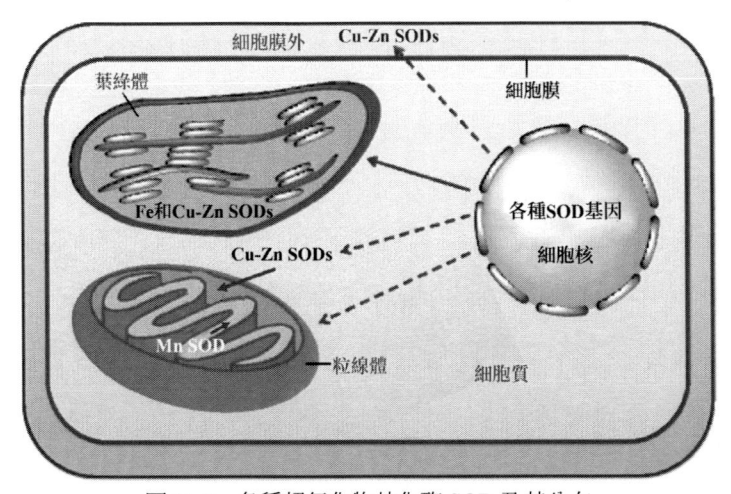

圖 11-7　各種超氧化物歧化酶 SOD 及其分布

在植物細胞中，銅鋅 SOD 存在於細胞質和葉綠體中，粒線體中有錳 SOD，葉綠體中還有鐵 SOD。真菌細胞外有只含銅的 SOD，細胞質和粒線體中都有銅鋅 SOD。因此所有的細胞生物都對超氧化物層層設防。

SOD 消滅超氧化物後形成的過氧化氫仍然對生物有害，為此生物不僅有超氧化物歧化酶，還有過氧化氫酶，可以將過氧化氫變為無害的氧和水（參見圖 11-4 上）。在一般情況下，哪裡有超氧化物歧化酶，哪裡就有過氧化氫酶，以便就近處理 SOD 產生的過氧化氫。

除過氧化氫酶外，細胞還有其他酶可以消滅過氧化氫，如穀胱甘肽過氧化物酶（glutathione peroxidase，Gpx）、硫氧還原蛋白過氧化物酶（thioredoxin peroxidase，Tpx）等。

除了以上對付活性氧的酶，生物還有一些非酶的抗氧化劑，如維生素 C、維生素 E、β- 胡蘿蔔素等，它們能直接與活性氧反應，將其消滅，只是速度比酶催化要慢。

保護端粒的端粒酶

由於端粒的長度對真核細胞生命的維持非常重要，生物也發展出了恢復端粒長度的酶，這就是端粒酶（圖 11-8）。端粒酶是一種反轉錄酶，可以用 RNA 為模板合成 DNA。不僅如此，它自己就帶有一個模板 RNA 分子，含有端粒重複序列的互補序列。在結合到端粒 DNA 的末端時，端粒酶就可以合成新的 DNA，相當於把端粒的 DNA 鏈延長。由於端粒 DNA 的序列是重複的，端粒酶又可以移位，結合到新的 DNA 末端上，再次把 DNA 延長。延長的 DNA 鏈又可以作為模板，合成另一條鏈。這樣重複很多次，在 DNA 複製時損失的端粒 DNA 序列就可以被補回來。

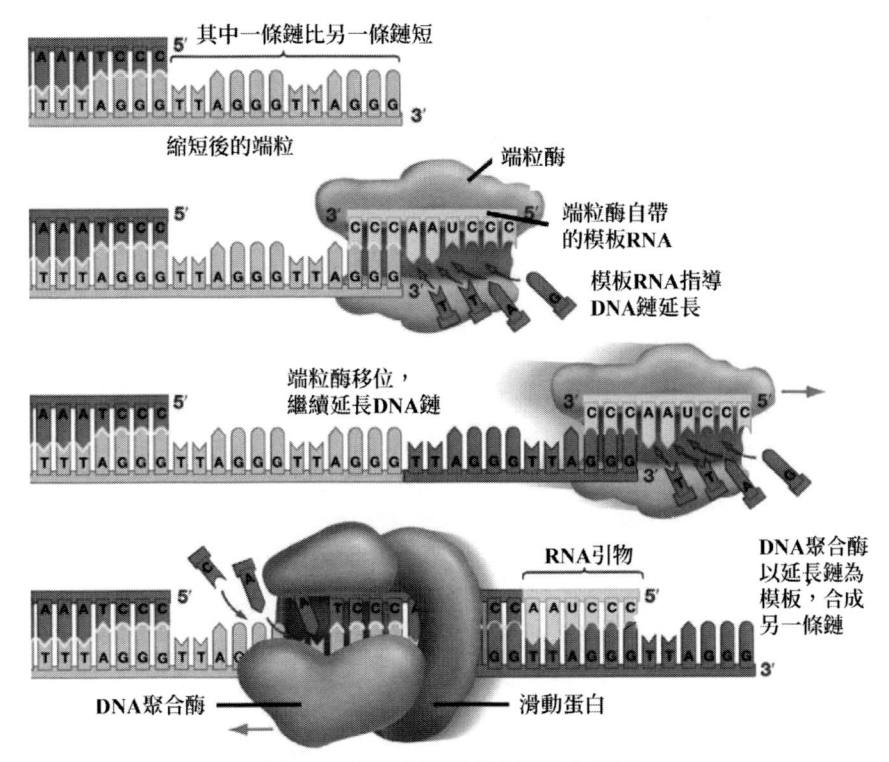

圖 11-8　端粒酶能夠恢復端粒的長度

　　所有的單細胞真核生物都有端粒酶的活性，所以它們能無限制地分裂繁殖。在多細胞生物出現以後，端粒酶就主要在生殖細胞中表達，讓生殖細胞能永遠分裂繁殖下去。成體幹細胞也具有端粒酶活性，讓它們源源不斷地分裂分化，替補那些受損或者已經死亡的細胞。癌細胞也有端粒酶的活性，所以能無限繁殖。

　　但是對於許多體細胞，這種待遇就被取消了。動物的體細胞基本上沒有端粒酶活性，使這些體細胞不能無限期地活下去。例如，人的成纖維細胞在體外培養時只能分裂 50 次左右，就會失去分裂能力，進入衰老狀態。

第十一章　生物的壽命祕密

細胞更新自己的自噬系統

　　雖然生物有修復受損分子的能力，但是也有一些受損分子能抵抗清除它們的過程，逐漸在細胞中累積。例如，有些受損蛋白不能被細胞降解而形成聚合物，老化的細胞器如粒線體、受損的細胞膜等也需要有辦法處理它們。

　　為了清除這些廢物，細胞還發展出來另一種機制，就是自噬，也就是自己吃自己（圖11-9）。細胞質中出現由兩層膜包裹的結構，開始時的形狀像一個放了氣又被從一面壓凹進去的皮球。這個形狀的結構就像一張嘴，可以把細胞質的一部分連同裡面的細胞器都吞進去，然後膜融合，將這些吞進的物質完全包裹，叫做自噬體。

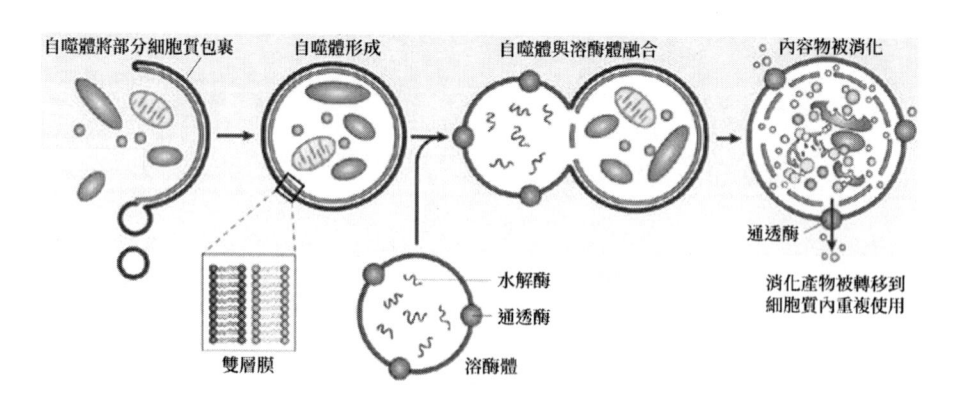

圖 11-9　細胞的自噬機制

　　自噬體形成後，和溶酶體（參見第三章第七節）融合，就可以透過溶酶體中的各種消化酶消化自噬體裡面所有的成分。消化的產物如胺基酸、脂肪酸、核苷酸等，又透過「通透酶」被轉移出溶酶體外，供細胞重複使用。因此自噬作用是細胞清理各種垃圾、保持細胞青春的重要方法。

讓受損的細胞自殺

如果所有這些對抗衰老的作用都失敗，生物還有最後一種方法，這就是讓受損的細胞自殺，這就是細胞的計畫性死亡（參見第五章第八節和圖 5-11）。在成年人的身體中，每天有 500 億～700 億細胞自殺，約占總數 6×10^{13} 細胞的千分之一，這就是身體在剔除已經老化受損的細胞。

細胞裡面有質量監察員隨時檢察細胞中 DNA 的情況。例如，有一種叫做 p53 的蛋白質，它在 DNA 受損時結合在 DNA 上，同時召集修復 DNA 的蛋白質進行修復。如果修復失敗，p53 就會阻止細胞進行分裂，在有些情況下還可以讓這些細胞自殺。

第四節
生物對抗衰老的方法能夠使生殖細胞永生

對抗衰老的方法不僅能延緩生物的衰老，而且能使生殖細胞永生。這裡說的永生，不是同一個細胞永遠不死，而是能永遠繁殖下去，每一代的壽命都不會由於傳代次數的增加而減少。例如，藍細菌是地球上最早出現的生物之一，作為單細胞的生物同時也是體細胞和生殖細胞，在不斷分裂 35 億年之後仍然在地球上繁衍。在這個意義上，藍細菌的細胞就是永生的。多細胞生物的生命是透過生殖細胞傳遞下去的，也要求生殖細胞能永生，否則物種就無法延續。例如，昆蟲已經在地球上生活了數億年的時間，現在仍然是地球上物種最多的生物，就是因為昆蟲的生殖細胞是永生的。

可是生殖細胞也是細胞，也會受到上面提到的使體細胞衰老的各種

第十一章　生物的壽命祕密

攻擊。如果生物對生殖細胞的保護不是 100% 有效，即使影響體細胞的因素只是輕微地影響到生殖細胞，逐代累積起來，也會導致物種的滅絕。例如，人類從出現到現在，已經至少有 100 萬年的時間，如果每傳一代需要 20 年的時間，那人類就已經傳了 5 萬代。即使每一代生殖細胞所受各種因素的影響只減少每一代人一天的壽命，那麼人類也不應該存在到今天（人活到 100 歲也就是 36,500 天）。這個例子也說明，生殖細胞有維護自己永不衰老的能力。

但是每種生物的生殖細胞和體細胞擁有同樣的基因，生殖細胞維持自己青春的方法，體細胞原則上也能擁有。生殖細胞能永不衰老而體細胞總會衰老，說明生物體內一定有一些機制，削弱體細胞對抗衰老的功能，放任體細胞衰老，也就是衰老過程是受一些基因調控的主動行為。生物的壽命就是由這種放任的程度決定的：放任程度高，生物的壽命就短；放任程度低，生物的壽命就長。

問題是，生物為什麼要這樣做？既然生物有維持生殖細胞永生的能力，為什麼不把這種能力也用到體細胞身上，使生物整體能長生不老？所有的生物都不這樣做，而是都放任體細胞衰老，說明生物的衰老和死亡一定有存在的理由，這就是使物種能夠延續。

第五節
衰老和死亡為生物物種的延續所必需

按照一些人對達爾文「適者生存」理論的解釋，衰老現象本不應該存在。自然選擇只會保留那些使身體更健康、生殖能力更強的基因，而不會保留那些對身體不利的基因，包括使身體衰老的基因，因為這樣會

第五節　衰老和死亡為生物物種的延續所必需

使具有這些基因的個體競爭力變弱，從而被不具有這些不利基因的人取代。也就是說，自然選擇會自動消除那些對身體不利的基因。

但是這個解釋有兩個問題：一是認為自然選擇只對生物個體發揮作用，而對群體不發揮作用，所以只會保留對個體有利的基因。其實自然選擇對種群的作用更重要，因為沒有種群就沒有個體，而種群選擇就有可能發展出對種群有利而對部分個體不利的特性來。二是忽略了環境條件的限制。對於動物個體來說，當然是生存能力越強越好，繁殖能力也越強越好，但是要讓這樣的動物成功生活，必須要有一個前提，就是自然界能提供的資源是無限的，但是實際的情形卻恰恰相反，即自然界能提供的資源是有限的。生存能力極強的動物大量繁殖，早晚會由於超過資源能提供的極限而自我毀滅。

因此生物的種群要延續，不能只透過發展出生命力強大的個體來實現，還需要限制種群中個體的數量，這就是部分個體的衰老和死亡。

種群延續需要個體的衰老和死亡

西元 1891 年，德國科學家奧古斯特·魏斯曼（August Weismann）（圖 11-10 左上）提出用種群的選擇，而不是個體的選擇來解釋衰老現象。他認為衰老是為種群而不是個體的利益而發展出來的。種群中的個體活得長一點或者短一點並不重要，重要的是種群的生存。

按照魏斯曼的學說，衰老可以有至少以下三個方面的正面作用。

第一是避免種群過度擴張。由於自然界能夠提供的資源有限，每個物種都必須限制個體的數量，否則就會遭遇到饑荒。衰老導致的死亡就是群體限制個體數量的有效方法。

第十一章　生物的壽命祕密

第二是去除已經完成生殖任務的個體，而把資源讓給更年輕的個體，因為年輕（生育期前和生育期中）的個體負擔著繁衍物種的任務，代表著種群的未來。

第三是使自然選擇過程能有效發生。自然選擇只能透過不斷換代來實現，因為只有不斷換代，新的個體才能不斷產生，為自然選擇提供可以選擇的對象。換代不僅產生新的個體，還會透過有性生殖過程中的基因重組增加新個體基因組合的多樣性（參見第八章第二節），使物種能更好地適應不斷變化的環境。

因此，與對衰老的負面看法相反，衰老其實在生物的生存和演化中扮演著正面的、必不可少的作用，這是衰老過程不但不被演化過程所消滅，反而在生物中普遍存在的原因。

不過魏斯曼的這些想法並不被一些人接受，主要理由還是自然選擇只能對生物個體發揮作用，對群體不發揮作用。但是單細胞生物為了群體的利益而犧牲自己的現象，卻明白無誤地證明了群體選擇不僅是必要的，而且是可能的。

單細胞生物能為群體的生存而犧牲自己

在細菌群落遇到食物短缺的狀況時，在理論上有兩種處理方式——搶奪和退讓。搶奪就是增加每個細菌獲得食物的能力，這樣最能獲得食物的細菌就會活下來。與此相反的方式為退讓，一部分細菌為了整體的利益而自殺，把食物讓給其他個體，而且自殺釋放出來的營養物質還能為留下的細菌所用。

如果自然選擇只發生在個體身上，細菌就不會發展出對自己不利的

第五節　衰老和死亡為生物物種的延續所必需

特性，因為這樣的個體競爭力會變弱，會很快被沒有這些特性的個體所取代。這樣一來，細菌對食物短缺的應對方式就應該是搶奪。但如果自然選擇能發生在群體上，就能發展出對部分個體不利而對群體有利的方式，在食物短缺面前退讓，讓部分細菌自殺，使另一部分細菌存活下來。

實際的情形是，細菌選擇了退讓的方式。每個細菌的身體內都帶有毀滅自己的炸彈，遇到逆境時就會引爆，用部分細菌的死亡換取其他細菌的生存。

細菌的這套自殺系統叫做毒素－抗毒素系統，由兩部分組成：一部分是有毒性的蛋白質，它能破壞細胞膜的完整性，使細胞破裂死亡；另一部分是抗毒素，其功能是在正常情況下對抗毒素的作用，使其不能發揮作用。毒素蛋白總是能穩定表達的，但是抗毒素分子的生成卻受環境條件的影響而變化。在遇到逆境時，抗毒素分子的作用會被減弱，使毒素蛋白的毒性不再受封鎖而被釋放出來，導致一些細菌的死亡。

原核生物如此，作為真核生物的單細胞生物酵母也是這樣。在營養不足時，部分酵母也會自殺死亡，把資源留給少部分能生存下來的酵母。酵母的自殺機制和細菌不同，而是已經具有多細胞生物細胞計畫性死亡的特徵。儘管酵母自殺的機制與細菌不同，但是為整體利益而犧牲個體的做法還是相同的。

單細胞生物自殺機制的存在，證明對群體進行自然選擇、發展出對個體不利的特性是可能的。到了多細胞動物，犧牲個體換取種群生存的過程就不再由細胞自殺來實現，而是透過衰老來實現了。多細胞動物的衰老就相當於單細胞生物的自殺，目的都是透過去除部分成員來增加群體生存的機會。

第十一章　生物的壽命祕密

第六節　每種生物的壽命都是與環境相互作用下維持物種的最佳值

既然衰老和死亡為物種延續所必須，為何不同生物的壽命差別是如此之大，能夠達到萬倍以上？這就要看每種生物與環境相互作用的具體情形。

在動物捕食者與被捕食者的關係中，捕食者要有足夠的被捕食者才能存活，所以數量不能太大，也不能繁殖太快，壽命也相對較長。被捕食者的數量不能太多，以免自己由於食物不足而使種群陷入危機；也不能繁殖過慢，數量太少，以致在繁殖之前就被捕食者全部消滅，因此壽命也相對較短。例如，獅、虎、狼的壽命都比較長，而鼠的壽命比較短。是壽命（由衰老控制）和繁殖能力控制著捕食者和被捕食者的相對數量。現在我們看到的動物的壽命和繁殖能力就是在這種相互作用的情況下，長期共同演化所形成的最佳值。任何一方的數量太多或太少都會造成生態系統的崩潰。

動物對環境的相互作用也能決定動物的壽命。一個有趣的例子是非洲一類美麗的小魚，在分類學上都屬於鱂屬，但是不同種的鱂魚在壽命上可以相差 5 倍之多（圖 11-10）。生活在辛巴威的物種，由於那裡只有短暫的雨季，雨季過後水塘很快乾涸，這種鱂魚的壽命只有 3 個月，相當於雨季的長度。莫三比克的雨季比辛巴威長 4 倍，那裡的鱂魚就可以活 9 個月。而生活在坦尚尼亞有兩個雨季的地方，鱂魚壽命可以長達 16 個月。

| 第六節　每種生物的壽命都是與環境相互作用下維持物種的最佳值 |

奧古斯特·魏斯曼

生活在莫三比克的鱂魚，壽命9個月

生活在辛巴威的鱂魚，壽命3個月

生活在坦尚尼亞的鱂魚，壽命18個月

圖 11-10　奧古斯特·魏斯曼和生長在不同環境條件下鱂魚壽命的差異

　　只能活3個月的鱂魚生長極為迅速，一個月即達到性成熟，然後多次交配產卵，直到第三個月末水塘乾涸為止。即使壽命這樣短的鱂魚也在生命後期顯出衰老跡象：運動變慢，骨質疏鬆，肝臟中脂褐素顆粒增加。脂褐素由溶酶體中不能被消化的物質組成，相當於是細胞無法清除的廢物，隨年齡增長而增多，是衰老的重要指徵之一，人類的老年斑中就含有脂褐素。這說明這種鱂魚的衰老過程與人相似，只是要快得多，一、兩個月就可以在肝臟中長出老年斑來，衰老電影的放映速度比鮭魚的還快。

　　如果衰老是分子隨機損傷累積的結果，如何解釋這三種同一屬的魚（因此身體結構極為相似）壽命差別如此之大，而且碰巧都與雨季的長度符合？更合理的解釋是鱂魚的衰老速度是程式控制的，是雨季的長短選擇了程式控制的壽命正好符合這個長短的魚類。程式控制的壽命過長或過短，與雨季的長度不相配，就會被自然選擇所淘汰，所以我們現在看到的都是壽命與雨季長短相配的物種。將這三種鱂魚在人工條件下飼

第十一章　生物的壽命祕密

養，環境條件相同，牠們壽命的差別仍然存在，說明它們體內確實有控制衰老速度的程式。

植物中類似的例子是生活在沙漠地區的短命菊（圖 11-1 右下），必須在下雨後短暫有水的時間內繁殖，否則物種就會滅亡，因此短命菊必須在一個月左右的時間內就完成種子發芽、生長、開花、結籽的全過程。

在許多情況下，特別是在生物快速衰老的情況下，生物的衰老和死亡其實是由自殺機制引起的。例如，黃豆豆粒後期的生長就是透過殺死植株，獲取營養而實現的，摘除豆莢，葉片就能繼續保持綠色而不枯黃。

一年生植物在結籽以後就死亡，是避免植株自己熬過嚴酷的冬天，而透過種子來度過冬天，物種生存的機會更大。只要物種能繁衍下去，自己活一年或者多年並不重要。

雄章魚交配後很快死亡，而雌章魚要照顧產下的卵，直到卵孵化才死亡，比雄章魚多活幾個月。為什麼牠們死亡的時間都剛剛好，也就是生育下一代的任務完成，不再需要牠們的時候？更好的解釋也是章魚也有死亡程式，到時候就啟動。

摘除產卵後不久的雌章魚兩眼之間的一對腺體，章魚又開始進食，體重增加，而且可以比對照組（沒有摘除腺體的雌章魚）多活 9 個月之久。這說明這些腺體是章魚的自殺開關，到時候就會分泌自殺化合物，讓章魚死亡。

澳洲袋鼬中的雄性在交配後很快死亡，壽命大約 11.5 個月；而雌鼬可以交配和生育多次，壽命是雄鼬的 3 倍。雄鼬的快速衰老和死亡是由雄鼬分泌出來吸引雌鼬的費洛蒙引起的。費洛蒙反過來可以使雄鼬分泌大量的壓力荷爾蒙如皮質類固醇激素、腎上腺素和正腎上腺素，導致電解質失調和急性腎衰竭，使雄鼬快速死亡。如果將雄鼬去勢，或者與雌

鼬分開飼養，則可以避免雄鼬的快速死亡，讓牠們和雌鼬活得一樣長。

這些事實說明，生物的壽命是根據物種生存的需求而決定的。

第七節　生物控制壽命的機制

在本章第二節中，我們已經談到使生物衰老的各種機制，包括自由基的破壞作用、端粒的縮短、DNA 和蛋白質分子的受損和受損產物的累積、分子之間的交聯等。它們猶如破壞身體的洪水，而對抗衰老的機制猶如控制洪水的閘門，閘門開得大，洪水洶湧，生物衰老就快，閘門開得小，洪水變成涓涓細流，生物就衰老得慢。閘門開多大，就要看生物物種為了能延續，壽命多長才最合適。這就可以解釋為什麼所有生物的細胞結構和分子組成都高度相似，引起衰老的機制也基本相同，衰老速度卻可以相差萬倍以上。

在生殖細胞中，閘門完全關閉，生殖細胞也就不會衰老，變成永生的。這也是為物種的延續所必須的，這樣每一代的壽命才不會因為生殖細胞的衰老而減少，不然物種就會滅亡。

開閘大小顯然是由基因調控狀態控制的。幾種生活在非洲不同雨量地區的鱂魚，壽命差別可達數倍之多，而且把牠們放在實驗室的人工環境中飼養，不會有缺水的問題，這些鱂魚的壽命仍然和在野外時相同。這說明開閘的控制機制已經融入鱂魚的基因調控網絡中，在脫離自然環境的情況下仍然按照同樣的方式運行。

不同動物的壽命與開始生殖的年齡呈正相關，即生殖過程開始早的動物，壽命也相對較短。例如，線蟲在第三天達到性成熟，壽命 17 天左右；小鼠在 35 天時達到性成熟，壽命 2～3 年；狗的性成熟期在一歲

第十一章　生物的壽命祕密

左右，壽命是 10～15 年；人在 12～13 歲時具有生育能力，壽命約 80 年。同為動物，性成熟的時間差異如此之大，但是在每個物種中又相當恆定，都是到了那個年齡就發展出生殖能力，這只能是透過基因調控實現的，也就是由程式控制的。

閘門開啟程度對壽命的影響也可以從不同壽命的動物身體裡面的細胞看出來。在一項實驗中，科學家觀察了從 8 種脊椎動物提取的成纖維細胞和淋巴細胞對過氧化氫、百草枯（能夠在動物體內產生自由基的化合物）、砷化合物、氫氧化鈉等物質的抵抗能力，發現這些細胞的抵抗能力與這些細胞原本所屬動物的壽命呈正相關，即壽命越長的動物，細胞的抵抗力越強，也就是在這些細胞中閘門開得越小。這個結果說明，程式控制在每個細胞內都在發揮作用。

既然生物的壽命是受閘門開啟大小控制的，控制閘門開啟大小的機制又是什麼呢？

第一個層次是 DNA 序列的差異。生物的各種生理功能主要是由蛋白質分子來執行的，包括控制生長發育過程和控制閘門開啟程度的蛋白質。基因中 DNA 序列的改變會使蛋白質分子中的胺基酸序列發生改變，對蛋白質的功能產生影響。而同一種蛋白質表達的時間和強度也會影響蛋白質的作用，而這是由基因的啟動子控制的（參見第二章第五節）。轉錄因子結合在啟動子上，開啟基因的轉錄。結合哪些轉錄因子以及結合的強度，就決定了轉錄過程的時間和強度。啟動子中結合轉錄因子的 DNA 序列中一個鹼基的差別就有可能顯著影響轉錄因子的結合，從而改變基因的表達狀況。在生物壽命形成的過程中，DNA 的序列會逐漸調整，最後形成控制動物壽命長短所需的序列。

第二個層次是基因的外遺傳修飾（也稱表觀遺傳修飾）。在真核細胞

中，DNA不是裸露的，而是結合有各種蛋白質，特別是組蛋白。這些蛋白質使DNA鏈被包裹到更緊密的結構中，影響轉錄因子結合在啟動子上，也可以影響基因的表達（參見第三章第三節）。

外遺傳修飾的過程也是由DNA的序列控制的，是DNA的序列決定了負責這些修飾的蛋白的表達狀況。因此不同動物DNA序列的差別是導致生物有不同壽命的原因。

壽命控制可能是由少數基因主控的，主控基因本身的表達狀況在不同動物中不同，但是下層基因的工作方式在不同動物之間彼此相似，這就像不同樂隊的構成和演奏方式都差不多，是指揮決定了音樂節奏的快慢。如果是這樣，只需改變主控基因的工作方式就可以大幅度地改變生物的壽命。另一種可能性是並沒有什麼主控基因，而是每一層調控都有一些差別，逐層累積起來，也可以導致壽命的極大差異。如果是這樣，要大幅改變生物的壽命，就需要改變每一層基因的工作方式。不過在目前，人們對壽命進行整體調控（是十幾天還是幾百年）的具體基因還了解甚少，也無法大幅度地改變生物的壽命，如將人的壽命延長到幾百歲。

除了控制生物的整體壽命外，還有一些基因能在整體壽命基本一致的基礎上，根據環境條件小幅調節生物的壽命，使生物能更好地適應環境。人們對這些基因的了解比較多，這就是動物中基因調控壽命的幾條訊息連結。

第八節　動物小幅調節壽命的訊息通路

動物所處的環境特別是食物供應狀況，是經常變化的，動物也可以小幅調節自己的壽命來應對這些變化。整體而言，動物在食物充足時有

第十一章　生物的壽命祕密

兩條訊息通路增加合成反應，加快生長繁殖，同時降低生物的抵抗力，縮短壽命，以加快生物的更新換代；而在食物不足時，動物又有兩條訊息通路降低消耗，同時增加這些生物抵抗逆境的能力，在保留生育能力的情況下延長壽命，使這些生物有更大的機會拖過逆境。

胰島素／類胰島素生長因子訊息通路

在營養充足時，動物分泌比較多的胰島素（insulin，INS）或類胰島素生長因子（insulin-like growth factor，IGF-1），這些分子結合在位於細胞表面的受體上，活化其酪胺酸激酶的活性，使另一個蛋白 PI3K 激酶活化。活化的 PI3K 激酶又使激酶 AKT 活化，AKT 透過下游蛋白質分子的磷酸化促進葡萄糖進入細胞，加快新陳代謝，使動物的生長和繁殖加速（圖 11-11）。

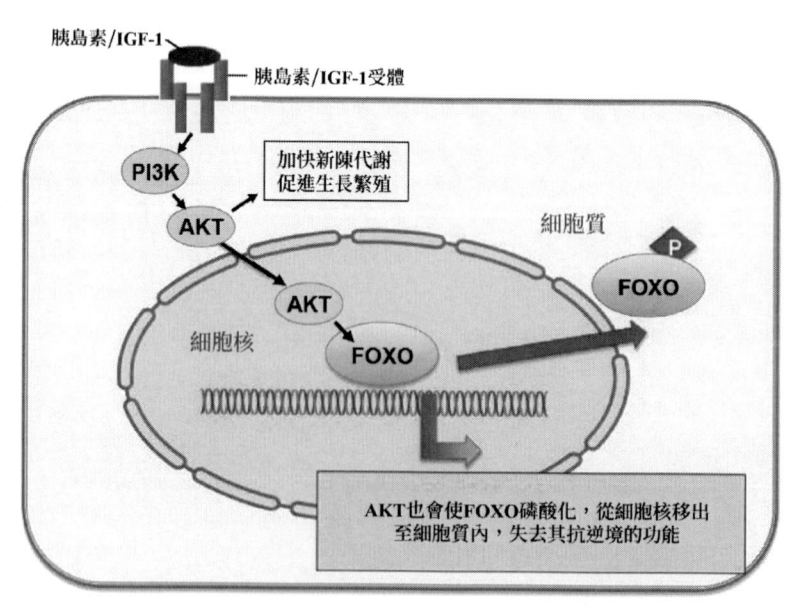

圖 11-11　胰島素／類胰島素生長因子訊息通路及其作用

第八節　動物小幅調節壽命的訊息通路

同時，AKT 還使轉錄因子 FOXO 磷酸化，從細胞核內轉移到細胞核外，失去轉錄因子的作用。而 FOXO 蛋白是動物抵抗逆境的主控開關。例如，FOXO 蛋白能增加超氧化物歧化酶和過氧化氫酶的生產，增強細胞抵抗活性氧的能力；增加與 DNA 損傷修復有關的蛋白質的生產，提高細胞修復 DNA 損傷的能力；促進細胞的自噬活動，加快細胞除去受損和不再需要的蛋白質，將資源用於細胞的存活上；延緩細胞進入分裂週期，降低細胞繁殖的速度；促進受損細胞透過計畫性死亡而被去除等。FOXO 蛋白的這些作用都能增加動物抵抗逆境的能力，並且延長壽命，所以 FOXO 是動物的長壽蛋白。AKT 對 FOXO 的抑制作用則使動物應對逆境的能力降低，壽命縮短。

相反，在食物匱乏時，INS 和 IGF-1 的分泌減少，它們受體的酪胺酸激酶的活性不被活化，使 PI3K 和 AKT 激酶也不能被活化，對 FOXO 的抑制解除，動物進入對抗逆境狀態，生長和繁殖變慢，抵抗力增強，壽命延長。

從線蟲到哺乳動物都使用這條訊號通路，是動物感知環境狀況、調整自己生理活動和壽命的重要方法。敲除這條通路能使線蟲的壽命加倍，也能延長果蠅和小鼠的壽命。

哺乳動物雷帕黴素靶蛋白（mTOR）訊息通路

雷帕黴素（rapamycin）是細菌分泌出來對抗真菌的物質。在動物實驗中，雷帕黴素能延長各種動物的壽命，從線蟲、果蠅到小鼠都是如此。

動物細胞中與雷帕黴素結合的蛋白叫做哺乳動物雷帕黴素靶蛋白（mammalian target of rapamycin，mTOR），是一種蛋白激酶，能夠使其他蛋白分子磷酸化以調節它們的功能（圖 11-12）。

第十一章　生物的壽命祕密

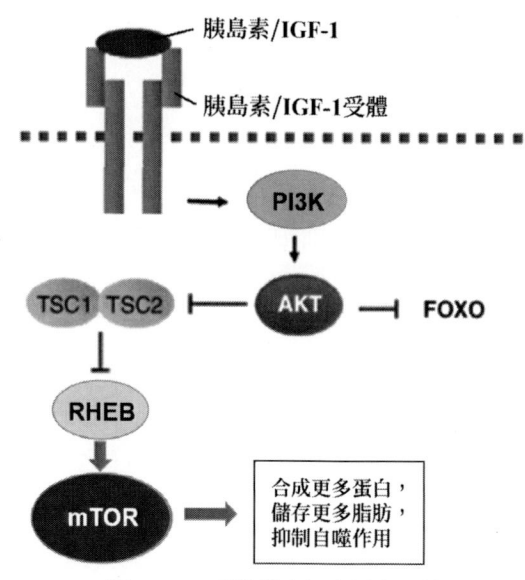

圖 11-12　雷帕黴素訊息通路及其作用

　　mTOR 使細胞合成更多的核糖體，並且活化激酶 S6K（使核糖體中 S6 蛋白磷酸化的酶），以促使細胞生產更多的蛋白質，同時抑制自噬作用，減少細胞中蛋白質的更新速度。mTOR 還促進脂肪酸的合成，使動物儲存更多的脂肪。因此 mTOR 的作用和胰島素／IGF-1 訊息通路活性高時（即 FOXO 蛋白的活性被抑制時）的效果類似，而和 FOXO 蛋白的功能相反。雷帕黴素能抑制 mTOR 的活性，從而可以延長動物的壽命。

　　mTOR 並不直接感知食物供給的狀況，而是從胰島素／IGF-1 訊息通路中的 AKT 獲得訊息。在食物充足時，胰島素／IGF-1 訊息通路被啟用，其中的 AKT 激酶也被活化。AKT 能使蛋白複合物 TSC1／TSC2 磷酸化，解除它們對另一個蛋白 RHEB 的抑制，被解除了抑制的蛋白 RHEB 接著活化 mTOR（圖 11-12 上）。

　　除了這兩條通路，動物還有直接感知食物不足並作出反應、延長壽命的訊息通路。這就是 AMPK 訊息通路和 Sirtuin 訊息通路。

第八節　動物小幅調節壽命的訊息通路

AMPK 訊息通路

　　1935 年，科學家發現，對大鼠限食，即把食物供給量控制在隨意進食時的 60%～70%，能使大鼠的壽命幾乎加倍。減少其他動物的進食量，但又不到營養不良的程度，也可以延長各種動物的壽命，包括線蟲、果蠅、哺乳動物（大鼠和小鼠）、靈長類動物（恆河猴），甚至真菌中的酵母。在哺乳動物中，限食可以延遲伴隨著年齡增長而出現的疾病，如糖尿病、心血管病和癌症等病症。由於在限食中總熱量是最重要的因素，這種透過非基因方式而延長動物壽命的方法又被稱為熱量限制（caloric restriction，CR）。有兩條訊息通路與 CR 延長壽命的作用有關，其中一條就是 AMPK 訊息通路。

　　當食物不足時，動物細胞內合成高能分子 ATP 的燃料缺乏，使 ATP 的合成減少。ATP 在交出能量後，會變為 ADP 和 AMP，增加 AMP／ATP 的比值，或者增加 ADP／ATP 的比值。

　　AMP／ATP 或者 ADP／ATP 比值的增加會被 AMP 依賴的蛋白激酶（AMPK，不要與第六章第三節中的 MAPK 混淆）所感知，AMPK 的形狀發生變化，啟動其蛋白激酶的活性，促使細胞發生一系列的變化，例如，增加細胞對葡萄糖和脂肪酸的攝取與氧化，以增加 ATP 的合成；抑制 mTOR，活化長壽蛋白 FOXO，增加細胞在逆境中的生存能力。AMPK 在各種生物中廣泛存在，從酵母到人，其結構高度一致，是調節能量代謝狀況的重要蛋白。因此 AMPK 和 FOXO 蛋白一樣，是動物的延壽蛋白（圖 11-13）。

第十一章　生物的壽命祕密

```
        限食
         ↓
   ADP/ATP比值增加
         ↓
       AMPK
    ↙    ↓    ↘
抑制mTOR 活化SIRT 活化FOXO
```

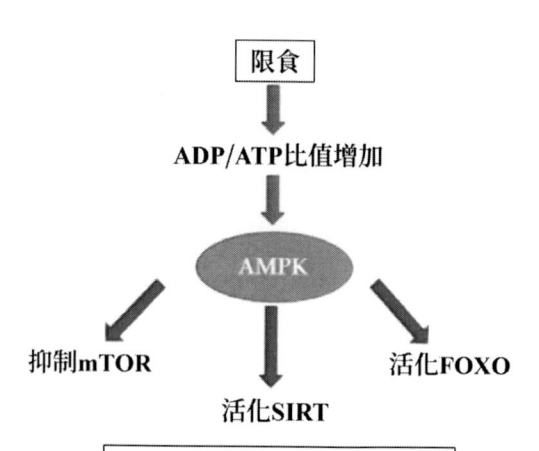

增加葡萄糖和脂肪酸的氧化以增加ATP的合成，增加自噬作用，提高生物抵抗逆境的能力

圖 11-13　AMPK 訊息通路及其作用

　　AMPK 還有一個重要功能，就是能夠活化另一個長壽蛋白 Sirtuin，進一步增強自己的作用。

Sirtuin 訊息通路

　　當食物不足時，動物的細胞內還會發生另一個變化，就是氧化程度增加。食物除了供給能量，還供給氫原子，使氧化型的菸鹼醯胺腺嘌呤二核苷酸（NAD+）轉換成為還原型的 NADH。在食物供給不足時，NADH 的濃度會降低，而 NAD+ 的濃度增加，使細胞內 NAD+ 與 NADH 的比值增加。

　　NAD+ 的濃度增加時，會使依賴於 NAD+ 的蛋白去乙醯化酶（在酵母中叫做 Sir2）被活化。Sir2 能除去蛋白分子中與賴胺酸側鏈相連的乙醯基，所以是一種去乙醯化酶，但是與其他單純除去乙醯基的去乙醯化酶

第八節　動物小幅調節壽命的訊息通路

不同，Sir2 除去乙醯基時還需要 NAD+ 的參與，這就使 Sir2 蛋白能感知細胞中 NAD+ 與 NADH 的比值，也就是感知細胞的能量狀態。

在除去蛋白分子中的乙醯基後，賴胺酸側鏈上的正電荷就暴露出來，使蛋白質的性質、在細胞中的位置、穩定性以及與其他分子相互作用的方式發生改變，是調節蛋白功能的又一種方式。如果被除去乙醯基的蛋白是與 DNA 結合的組蛋白，會使組蛋白的正電荷增多，與帶負電的 DNA 結合增強，染色質的結構更緊密，使轉錄因子無法結合到基因的啟動子上，導致許多基因被關閉。

增加酵母中這個酶基因的份數可以延長酵母壽命的 30% 左右，而敲除這個基因會使酵母的壽命縮短。Sir2 延長壽命的效果隨後也在線蟲和果蠅中被觀察到。進一步的研究發現，所有的生物都含有這個基因，於是將其改稱為 Sirtuin，簡稱為 SIRT。人體有 7 種 SIRT 蛋白，分別叫做 SIRT1～SIRT7，其中 SIRT1 與酵母的 Sir2 蛋白最相似，也是被研究得最詳細的。在小鼠腦中超量表達 SIRT1 能延長小鼠的壽命，還防止吃得過飽的小鼠壽命縮短。除去動物的 SIRT1 蛋白，限食就不再能延長這些動物的壽命。這些結果說明從酵母、線蟲、果蠅到哺乳動物，SIRT 蛋白都發揮長壽蛋白的作用。

與 FOXO 蛋白和 AMPK 的作用類似，SIRT 蛋白能增加粒線體的數量和活性，合成更多的 ATP；增加細胞的抗氧化能力，使細胞更加能抵抗逆境；SIRT 蛋白還能活化 AMPK，增加 FOXO 蛋白的活性，同時抑制 mTORC1 訊息通路，進一步增強細胞在逆境下的生存能力（圖 11-14）。

第十一章 生物的壽命祕密

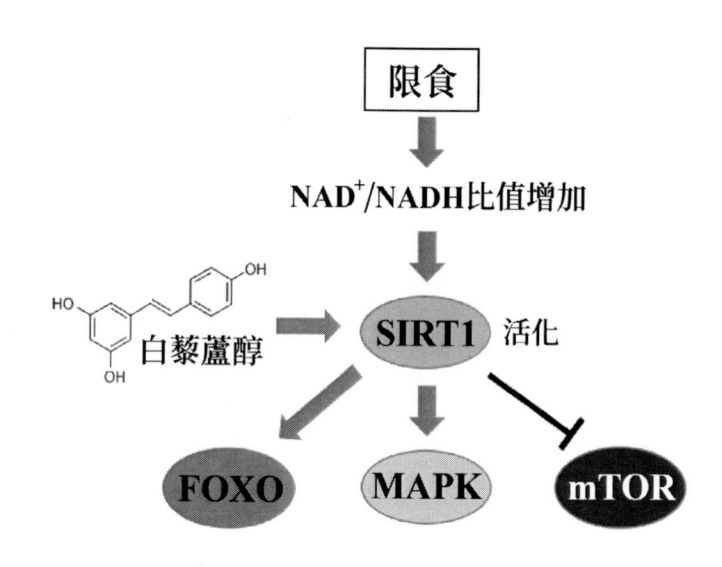

```
                        限食
                         ↓
                 NAD⁺/NADH 比值增加
                         ↓
        白藜蘆醇 → SIRT1 活化
                    ↙   ↓   ⊣
                 FOXO  MAPK  mTOR
```

增加粒線體的數量和活性，增加脂肪代謝，合成更多的ATP；增加自噬活動；增加細胞的抗氧化能力

圖 11-14　Sirtuin 訊息通路及其作用

　　白藜蘆醇是存在於紅酒（實為釀紅酒的葡萄，特別是葡萄皮）、藍莓和花生中的一種化合物，能夠活化 SIRT1 和 AMPK，因而能在不限食的情況下模擬限食的效果，延長酵母、線蟲和果蠅的壽命。

　　動物在順境時壽命縮短，在逆境時壽命延長，似乎和人們直覺中的常理相反：條件差時動物應該活得更短，但是在資源缺乏時延緩衰老和生殖，同時在食物重新出現時仍然能生殖的動物，就比那些不能這樣做的動物有更大的優越性。這是逆境導致壽命延長的根本原因。順境時抓緊時間生長繁殖，加快改朝換代（即縮短個體的壽命）以增加自然選擇的效率，逆境時以拖待變，反而對物種的生存更加有利。

　　這四條訊息通路能影響動物的壽命，但是程度有限，一般不超過動

物原有壽命的 50%。即使敲除線蟲的胰島素訊息通路能使線蟲的壽命加倍，也不過使線蟲能活 40 幾天而已，絕不可能延長到小鼠的 2～3 年，因此只是動物壽命的微調，但是對於我們已經有重要意義。

這四條訊息通路的工作方式告訴我們：只要程度不太嚴重，逆境可以延長壽命。逆境不僅指缺食，還包括缺氧、高溫、低溫、電離輻射、活性氧等。這些環境中的有害因素，如果不超過生物能承受的程度，就能啟動生物的維護和修復機制，反而使生物活得更健康（參見第十章第九節）。

相反，過度完美的環境反而會縮短壽命。現代社會的營養過剩會活化胰島素／IGF-1 訊息通路和 mTOR 的訊息通路，抑制 MAPK 訊息通路和 Sirtuin 通路，使人們的抵抗力下降，糖尿病、心血管病、癌症等疾病的發生率增加。如果在大量的美食面前，能控制自己的口腹之慾，與年齡相關的疾病還會更少，我們的壽命還會更長。

第十一章　生物的壽命祕密

第十二章
動物的感覺系統

第十二章　動物的感覺系統

動物是靠吃別的生物生活的，在多數情況下還吃活的生物，這就要求動物有探測到別的生物的方法。食物不會只在一個地方，動物在吃完一個地方的食物之後，又必須尋找新的進食對象，這就要求動物運動。運動就需要知道周圍的地理狀況，哪裡有障礙物，哪裡有懸崖，哪裡有水塘，以便繞開這些地方。反過來，被其他動物吃的動物如被老虎吃的野豬，也必須發現老虎的存在，及時逃離，這也需要了解環境狀況。動物要繁衍，必須進行交配，而交配對象又是移動的，這就必須要有感知潛在配偶存在的能力。尋找合適的生存環境和產卵場所，也需要對環境狀況的了解。凡此種種，都需要動物能獲得盡可能的資訊，而動物也使用了多種多樣的方法來獲得這些資訊。

動物接收這些資訊的結構是一類特殊的神經細胞，叫做感覺神經細胞，牠們含有對各種資訊的接收器，接收到的訊息再透過軸突末端的突觸傳遞到神經系統中（參見第六章第四節），產生感覺。

第一節　感受電磁波的視覺

太陽光不僅是地球上絕大多數生物直接或間接的能量來源，還能向生物提供資訊，如光照的晝夜變化和年度變化就可以被生物體內的生理時鐘感知，調節自己的生理節律（參見第七章）。

除了光照節律外，光線還可以向動物提供周圍環境瞬時（無延遲）的資訊，這就與光線（電磁波）的性質有關。電磁波特別是可見光範圍的電磁波，穿透固體的能力有限，在物體的迎光面和背光面就會形成有光和無光的差別。由於電磁波又能被物體表面反射，背光處也可以透過反

射光獲得一定程度的照射，而且透過多次反射，光線可以達到角落和縫隙，使幾乎所有的物體表面都能得到一定程度的光照，在物體不同的位置顯示出明暗變化。對於多數物體的表面來講，光線常常可以同時向各個方向反射，這就使動物可以從幾乎所有的方向（如果中間沒有物體阻擋光線）獲得這個物體的資訊，包括物體的方位、形狀、大小、移動狀況等。由於物體表面粗糙程度不同，不同物質對光線中不同波長的波段吸收和反射的情形不同，反射光還能提供物體表面性質的資訊（如質地和顏色）。如果動物有兩隻眼睛，由於兩隻眼睛看同一物體的視角不同，還可以獲得物體距離遠近的資訊。

由於光線可以遠距離傳輸，而且傳輸速度極快（約30萬公里／秒），在可視距離上幾乎沒有時間差，光線所傳輸的資訊可以瞬間到達，這對動物是極有價值的。相比之下，空氣傳輸振動資訊（透過聽覺接收）的速度是光速的100萬分之一，氣味分子（透過嗅覺接收）在空氣中傳播的速度就更慢了。

動物從光線中接收資訊的能力就是視覺。視覺的形成不是一步到位的，而是有一個從簡單到複雜、從低階到高階的發展過程。從只能辨別光線的方向但不能形成影像，到能夠形成簡單的影像，再到形成高品質的影像，中間經歷了漫長的發展過程。其間動物進行了各種嘗試和發明，使用了人類製造成像設備時曾經使用過的幾乎所有方法，生成了各式各樣的眼睛。而所有這一切都是利用生物材料製成的，最後生成的人眼不亞於一架精美的照相機，這真是一個奇蹟。

動物要有視覺，首先要有能接收光線中資訊的分子，這就是視黃醛。

第十二章　動物的感覺系統

動物用來接收光線中訊息的分子 —— 視黃醛

　　視黃醛分子含有一個環狀結構和一條連在環上的長尾巴（圖 12-1 右上）。尾巴的末端有一個醛基（-C=O），可以和蛋白質分子中一個賴胺酸側鏈上的胺基以共價鍵結合，使視黃醛結合在蛋白質分子上。與視黃醛結合的蛋白質叫做視蛋白，是一個位於細胞膜上的蛋白質。由視黃醛和視蛋白組成的分子叫視紫質，是動物接收光線中訊息的分子。為了增加細胞膜的面積以容納更多的視紫質分子，感光細胞發出許多絨毛，並且讓視紫質位於這些絨毛上，形成感光絨毛，或者發出一根纖毛，纖毛再橫向長出許多感光膜，接收光線訊息的效率就大大提高了（圖 12-1 左）。

　　視黃醛分子中的那條尾巴在形狀上像一根拐了彎的棍子，在受光照時會改變形狀，變成直棍，在光線消失後又會變回彎棍。這種形狀變化能帶動視蛋白的形狀也發生相應的變化，相當於接收到了訊息。視蛋白是一種 G 蛋白，可以透過 G 蛋白的訊號傳輸方式將訊息傳遞下去（參見第六章第三節）。

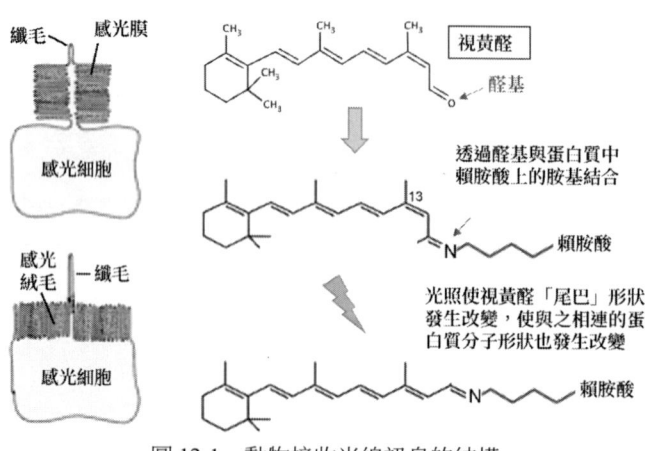

圖 12-1　動物接收光線訊息的結構

第一節　感受電磁波的視覺

動物的眼睛是從一個細胞開始的，這就是水母幼蟲的眼睛。

水母幼蟲的單細胞眼睛

水母的幼蟲能夠游泳，在海底遇到合適的地方時，附著於海底，長成類似水螅那樣的水螅蟲，水螅蟲再發育成水母成體，脫離海底，自由游動（圖 12-2 左）。不游動的水螅蟲像水螅那樣沒有眼睛，而能夠游動的水母幼蟲和成體就都長有眼睛，說明眼睛最初的功能是為游泳定方向。

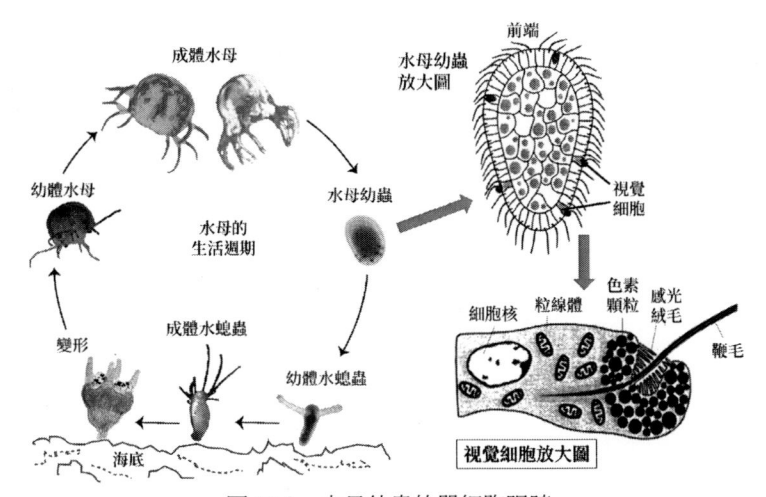

圖 12-2　水母幼蟲的單細胞眼睛

水母幼蟲的身體上散布著十幾個視覺細胞（圖 12-2 右上），牠們帶有鞭毛，在鞭毛的根部附近圍繞含有視紫質的絨毛。圍繞著絨毛的是許多色素顆粒，發揮遮光的作用，使光線只能從鞭毛的方向進入，細胞也因此能夠感知光線的方向（圖 12-2 右下）。

光訊號被感光絨毛感知後，直接傳遞到鞭毛上，影響鞭毛的擺動方式，使幼蟲可以游到光線最暗的海底。在這些細胞中，既有感光結構，又有遮光結構，還有對光做出反應的鞭毛，是「一身而三任」。進一步的

第十二章　動物的感覺系統

發展是把感光功能和遮光功能分開來，由不同的細胞擔任，並且用神經系統來處理訊息。

腕足類動物兩個細胞的眼睛

　　腕足類動物（生活在海底，有腹背殼和肉莖的動物，如海豆芽）幼蟲的前端有數個由兩個細胞組成的眼睛（圖 12-3 左下）。其中一個細胞含有一個晶狀體樣的結構，但是不含色素顆粒，可以稱為晶狀體細胞（圖 12-3 中）。另一個細胞含有色素顆粒，但是沒有晶狀體結構，稱為色素細胞。為了遮光的效果好，即盡量擋住從多數方向來的光線，色素細胞形成凹陷，在凹陷處密布色素顆粒。晶狀體細胞上的感光絨毛埋在色素細胞的凹陷中。在凹陷處，色素細胞也發展出了感光絨毛，與晶狀體細胞的感光絨毛共同形成眼睛的感光部分。不僅如此，這兩個細胞還分別發出軸突，把訊號傳輸到幼蟲的神經系統中去（圖 12-3 右）。

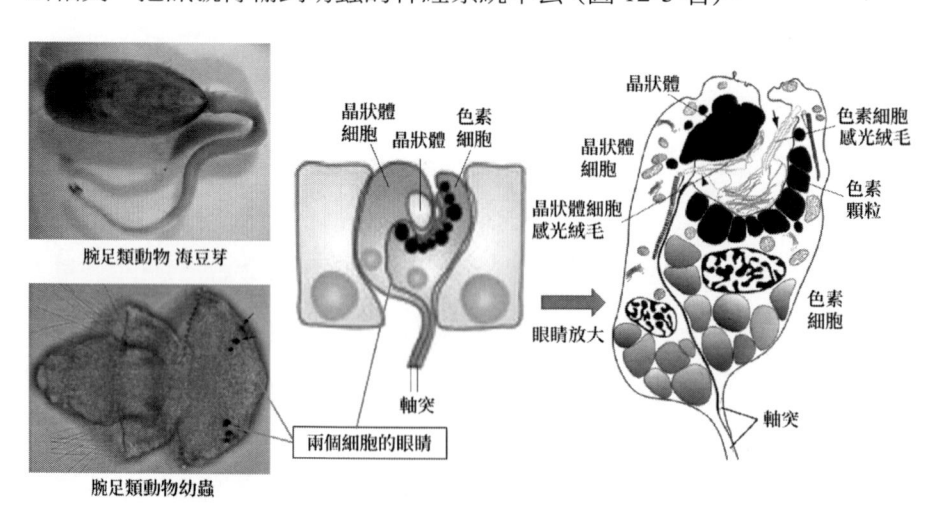

圖 12-3　腕足類動物兩個細胞的眼睛

相對於水母幼蟲的單細胞眼睛，腕足類動物幼蟲的眼睛已經有了一些進步。首先是細胞之間有了初步分工，晶狀體細胞含有類似晶狀體的結構，用於匯聚光線，是晶狀體的前身；色素細胞沒有晶狀體，卻含有大量色素顆粒，是專業色素細胞的雛形。訊息也不再就地使用，而是傳遞到神經系統中去處理。不過這兩個細胞的分工還不完全，因為晶狀體細胞仍然含有感光絨毛，也就是還有感光細胞的功能，而且還透過軸突輸出訊息。

雖然色素細胞的遮光作用可以使生物辨別光線的方向，但是生物必須透過身體擺動時光線強度的變化（色素顆粒在光線來路上時光線強度最低，色素顆粒在感光細胞後面時光線強度最高），才能獲得光線方向的訊息。動物要在不擺動身體的情況下獲得光線方向的訊息，就必須增加感光細胞的數量，而且讓光線只照射到部分感光細胞上。有兩種方式可以達到這個目的：色素杯眼和針孔眼。

海鞘幼蟲和水母的色素杯眼

海鞘的成蟲附著在海底，不移動身體，也沒有任何視覺結構，但是牠們的幼蟲形狀類似蝌蚪，能夠游泳（參見第四章第六節和圖 4-15），也有眼睛（圖 12-4）。在這些眼睛中，感光細胞數量增多，十來個感光細胞夾在色素細胞之間，其發出的感光絨毛伸向三個晶狀體細胞，使感光細胞排列成杯形。不同方向的光線在經過晶狀體細胞後，會照射到不同的感光細胞上，使海鞘幼蟲在靜止情況下也能初步辨別光線的方向。晶狀體細胞不再含有感光結構，也不再發出軸突，但是由於有三個分開的晶狀體細胞，海鞘幼蟲眼睛辨別光線方向的能力不是很強，但是可以看成是一個初步的嘗試。

第十二章　動物的感覺系統

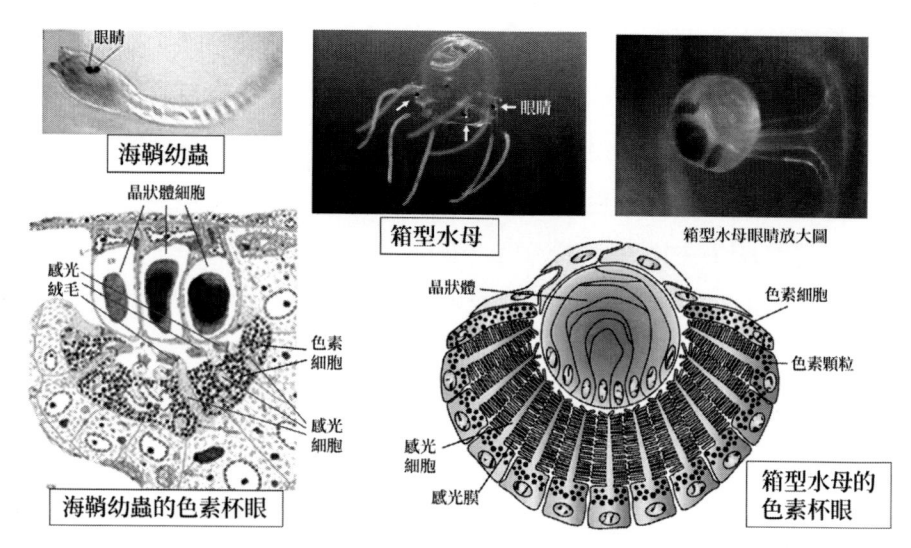

圖 12-4　海鞘幼蟲和箱型水母的色素杯眼

　　水母要游泳，還要捕食，對視力的要求就比單純游泳以找到水底的幼蟲要求高。前面談到過的水母幼蟲只有單細胞的眼睛，而水母的眼睛則是由多個細胞組成的（圖 12-4 右）。在箱型水母的眼睛中，每個感光細胞發出一根中央纖毛，從中央纖毛再橫向發出許多感光膜，上面有視紫質。感光細胞上小下大成為錐形，共同組成一個半球形的結構，每個感光細胞的錐形感光器都指向由多個晶狀體細胞組成的單一晶狀體結構。像在海鞘幼蟲中的情形，晶狀體細胞不再含有感光結構，也不再發出軸突。

　　感光細胞的基部含有色素顆粒，所以感光細胞也同時是色素細胞，在杯的外圍阻擋光線。在眼睛表面，圍繞著晶狀體，還有專門的色素細胞，讓光線只能從晶狀體處進入。由於晶狀體只有一個，聚光效果比多個晶狀體好得多，使來自不同方向的光線更集中地投射到一部分感光細胞上，不僅使水母能辨別光線的方向，還能形成低解析度的影像，幫助水母辨識環境中的事物。

第一節　感受電磁波的視覺

鸚鵡螺的針孔型眼睛

　　鸚鵡螺是一種軟體動物，以其奇怪的形狀和運動方式（靠吸水和噴水）而在海洋動物中顯得獨特。鸚鵡螺的另一個獨特之處是它具有針孔型眼睛（圖 12-5），這基本上就是一個充滿水的杯形空腔，在腔的內壁排列有感光細胞組成的膜狀結構，叫視網膜。

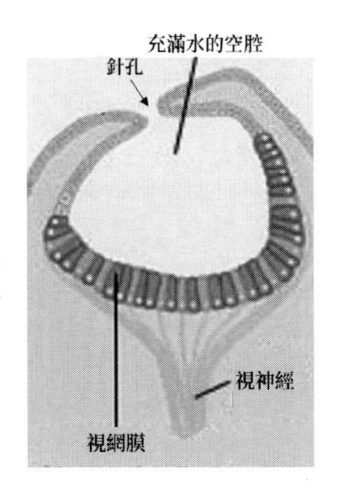

圖 12-5　鸚鵡螺的針孔型眼睛

　　鸚鵡螺的眼睛沒有晶狀體，杯的空腔有一個很小的孔與外界相通，讓光線進入，利用小孔成像的原理，在視網膜上形成影像，是眼睛設計上的一個創新。不過用這種方式形成影像最大的缺點是孔徑必須很小才能形成品質比較好的影像，而很小的孔又只能讓很少的光線進入，因此鸚鵡螺的視力不是很好。但是鸚鵡螺的例子卻說明，動物在發展視覺能力的時候，是各種方式都嘗試過的，並且都獲得一定程度的成功。另一個嘗試的例子是扇貝的反光眼。

129

第十二章　動物的感覺系統

扇貝的反光眼

大口徑的望遠鏡都是用反光鏡成像的，動物也嘗試過這樣的機制，用凹形的反光面來在視網膜上成像。扇貝是一種軟體動物，在其殼的邊緣上長有數十個反光眼（圖 12-6）。在有光線照射時，這些眼睛由於其反射面會反光，看上去像是發光的藍色或綠色的珍珠。每個眼睛有一個反光鏡和一個晶狀體，它們之間有兩層視網膜。晶狀體的作用不是用來成像的，而是用來糾正反光鏡的視差，最清晰的影像形成在緊靠晶狀體的視網膜上。

扇貝的反光眼全貌

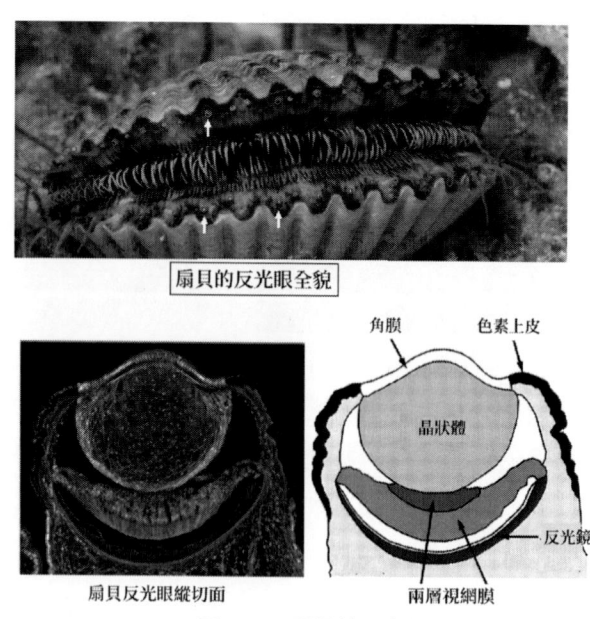

扇貝反光眼縱切面

圖 12-6　扇貝的反光眼

以上這些眼睛都是比較原始和簡單的，不能形成影像或者只能形成低解析度的影像，只存在於低等動物中。由於捕食對象或捕食者在眼中的影像隨著距離增大而變小，只有解析度高的影像才能使動物在較遠距離上辨識它們。

130

第一節　感受電磁波的視覺

要形成高解析度的影像，生物採取了兩種方式。一種是大量感光細胞分成若干組，以外凸的方式排列，形成向外的球面。每組感光細胞都有自己的晶狀體匯聚光線，獲得的光訊號就相當於一個畫素，把這些畫素組合起來，就形成影像，這就是昆蟲的複眼（圖 12-7 左）。另一種方式是感光細胞連成一片，形成內凹形的視網膜，位於一個球形的內表面，由單個晶狀體匯聚光線在視網膜上成像（圖 12-7 右）。這就是章魚和脊椎動物所使用的單眼，包括人類的眼睛。這種眼的工作原理類似於照相機，所以也叫做照相機類型的眼。

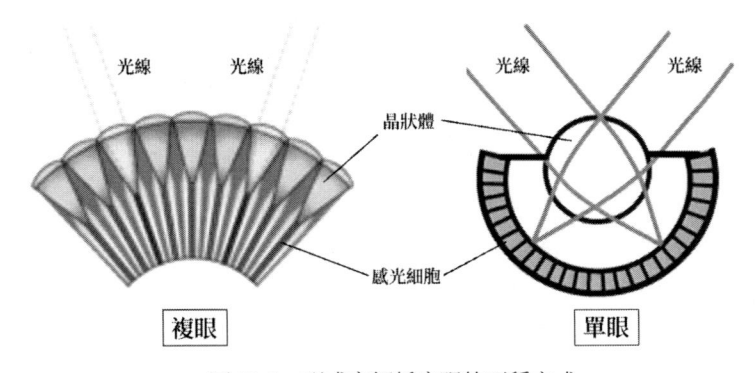

圖 12-7　形成高解析度眼的兩種方式

昆蟲的複眼

觀察過蜻蜓的人，都會對蜻蜓頭上那一對大眼睛印象深刻。這樣大的眼睛對於蜻蜓來說，一定有牠的必要性，這主要就是為了捕食。蜻蜓是在飛行中捕食的，而捕食對象如蚊子，本身也在飛。要在彼此相對快速運動的情況下捕捉蚊子的影像並且準確地抓住蚊子，蜻蜓必須有一雙好眼睛，這就是昆蟲普遍使用的複眼。

昆蟲的複眼由數百個到數千個構造相同的小眼組成（圖 12-8）。小眼

第十二章　動物的感覺系統

上粗下細，呈六角錐狀，可以聚集起來形成類似圓球的形狀，其中每個小眼朝向不同的方向，形成非常廣闊的視角，使昆蟲在不改變飛行方向的情況下就能看見大範圍環境中的情況。而具有單眼的人和鳥（如貓頭鷹）就必須轉動頭部才能看見不同方向的情形。

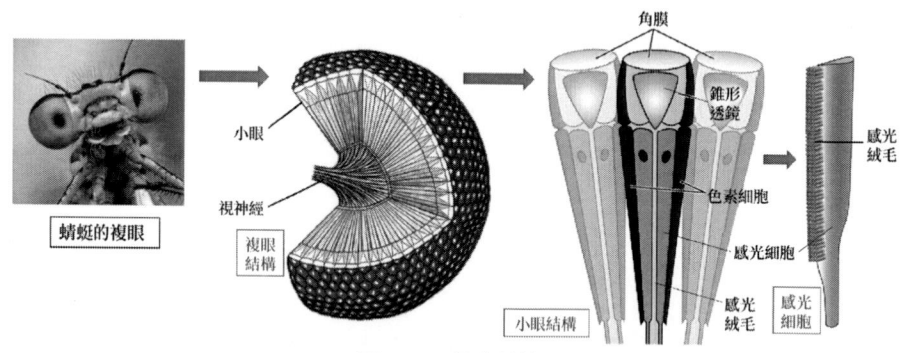

圖 12-8　昆蟲的複眼

每個小眼都有自己的透鏡，其由 4 個細胞組成，相當於單眼的晶狀體。為了讓每個小眼只接收和自己的方向相同的光線，小眼是被色素細胞嚴密包裹起來的，角度稍差的光線只能投射到小眼側壁的色素細胞上，而不能到達位於小眼中軸上的 8 個感光細胞上。每個小眼接收到的訊號就相當於數位相機的一個畫素，由於複眼中小眼的數量可以達到幾千個，形成的影像相當於有幾千畫素的照片，已經有相當高的解析度。

章魚的單眼

章魚是軟體動物，屬於比較低等的動物，卻發展出了高度發達的眼睛和分析影像的神經系統，能夠區分物體的明暗、大小、形狀和方向（水平還是垂直）。

在構造上，章魚的眼睛是單眼，即只擁有一個透鏡（晶狀體），將透

第一節　感受電磁波的視覺

過瞳孔（虹膜上的開口）進入眼睛的光線聚焦到凹形的視網膜上（圖 12-9 上左）。視網膜上的感光細胞緊密排列，可以含有比昆蟲複眼中小眼數量多得多的感光細胞，因而能夠提供大量的畫素，增加影像的解析度。感光細胞朝向外周方向（即背離光線來的方向）的部分含有色素顆粒，在這個位置旁邊還有專門的色素細胞，使光線只能透過瞳孔進入。感光細胞在外周方向發出軸突，這些神經纖維先經過一個大的神經節，再將資料傳輸至腦。

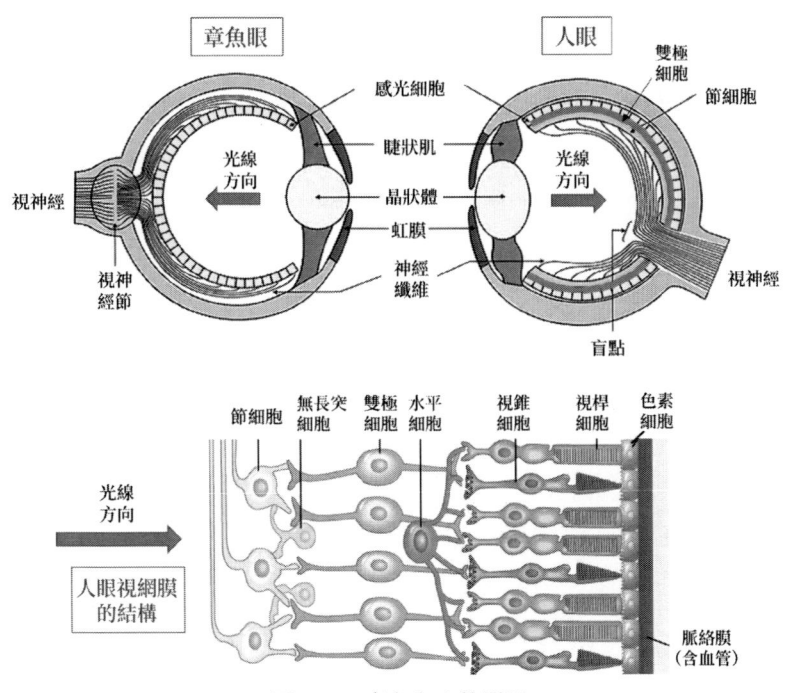

圖 12-9　章魚和人的單眼

章魚透過調節晶狀體與視網膜之間的距離來對遠近不同的物體進行聚焦，工作方式與照相機相同。瞳孔可以擴大和縮小，以調節進入光線的多少，相當於照相機的光圈。章魚眼的這些特點使它成為真正意義上的照相機類型的眼，可以形成高解析度的影像。

第十二章　動物的感覺系統

脊椎動物的單眼

　　脊椎動物的單眼（如人眼）和章魚的單眼結構幾乎完全相同，如都有視網膜、色素細胞層、晶狀體、角膜、虹膜和虹膜上的瞳孔等，而且它們的空間位置幾乎完全相同（圖 12-9 右）。如果只看基本結構圖，很難分辨出是章魚眼還是人眼。人眼也是高度發達的，能夠在各種光照情況下對遠近不同的物體形成高解析度的影像。同為脊椎動物的鷹視力更好，能夠在幾百公尺甚至上公里的高空看清楚地面的獵物，相當於在十幾公尺以外看清楚報紙上的小字。

　　但是章魚眼和人眼之間也有一些重要的差別。例如，在人眼中，對不同遠近物體的聚焦並不是透過調節晶狀體與視網膜之間的距離來實現的，而是在晶狀體位置不變的情況下改變其形狀。從這個意義上講，章魚的眼比人眼更像一架照相機。

　　更重要的差別是視網膜。人眼的視網膜不是只有一層感光細胞，而是有三層，分別是感光細胞層、雙極細胞層和節細胞層（圖 12-9 下）。感光細胞把光訊號轉變為電訊號，雙極細胞分析處理這些訊號並且加以分類，有的訊號只傳輸形狀，有的訊號只傳輸明暗，有的訊號只傳輸顏色等。節細胞把這些加工過的訊號傳輸至大腦，由大腦重新合成完整的影像。除了這三種細胞，人的視網膜還含有其他類型的細胞，如在雙極細胞層還有橫向連結的水平細胞，在節細胞層也有橫向連結的無長突細胞等。也就是說，人的視網膜不僅是感光結構，而且還含有對視覺訊號進行初步加工的神經細胞，所以可以看成是神經系統的一部分。而章魚眼的視網膜則只含有感光細胞，初步處理視覺訊號的神經細胞位於眼後的那個膨大的神經節內（圖 12-9 上左）。

　　考察人眼這三層細胞的朝向，結果出人意料：不感受光線，只傳輸

視覺訊號至大腦的節細胞朝向光線來的方向，而直接感受光訊號的感光細胞反倒背朝向光線來的方向。即使在感光細胞中，具體感受光線的部分也位於細胞核的後方，直接和色素層接觸，也就是視網膜中離光線來的方向最遠的部分。這樣一來，從晶狀體來的光線就要先穿過節細胞層、雙極細胞層、感光細胞含細胞核的部分，最後才到達感光部分。從這個意義上講，人眼的視網膜是反貼的。這就相當於在照相機的膠片前面擋幾層半透膜，反射和散射光線。

不僅是人眼，所有脊椎動物的眼睛，包括魚類、兩棲類、爬行類、鳥類、哺乳類動物的眼睛，其視網膜都是反貼的。節細胞發出的神經纖維（軸突）位於節細胞的前方，還會匯聚成一束，穿過視網膜，再將資料傳輸到大腦，在穿過視網膜的地方就沒有感光細胞，形成盲點。這就提出一個問題，脊椎動物的眼睛是如何演化出來的？進化過程為什麼要創造並且保留這樣一個看上去不合理的設計？這就和章魚型眼和脊椎動物型眼不同的演化路線有關。

章魚型眼和脊椎動物型眼不同的演化路線

從前面介紹的比較原始的眼睛中，我們可以推測章魚型眼兩條可能的演化路線。一條演化路線是從水母幼蟲的單細胞眼睛開始（圖 12-10 上），這個細胞裡面既有感光絨毛，又有遮光色素顆粒。到了腕足類動物幼蟲兩個細胞的眼睛裡，感光細胞中就出現了晶狀體。到了海鞘幼蟲的眼睛，晶狀體細胞已經與色素細胞、感光細胞在功能上分開，多個感光細胞和色素細胞大致呈杯形排列，朝向三個晶狀體細胞。到了水母比較複雜的眼睛，角膜出現，晶狀體變成一個，大量感光細胞呈杯形排列，色素顆粒位於感光絨毛的後面。如果再發展出虹膜和瞳孔，就可以變成

第十二章 動物的感覺系統

章魚的單眼了。在這條路線中，晶狀體是首先在感光細胞中出現的，後來分化成為專門的晶狀體細胞。

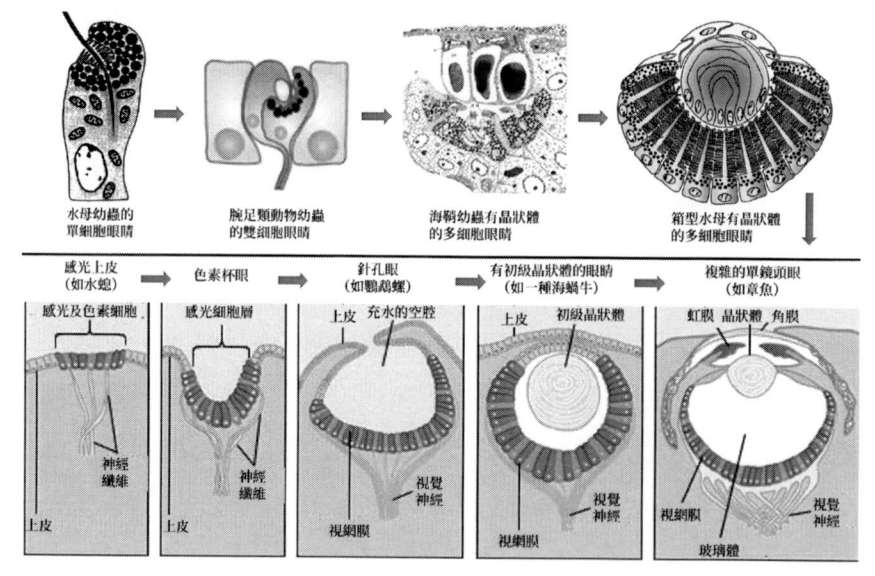

圖 12-10 章魚型單眼可能的演化路線

另一條演化路線是透過鸚鵡螺的針杯狀眼發展而來（圖 12-10 下）。一開始可能只是能感受光線的上皮細胞，例如，水螅的上皮細胞就已經對光線有反應，但是還沒有任何專門的感光結構，也沒有遮光的色素顆粒。到後來，感光細胞數量增多，含有感光細胞的部分內凹，就能形成沒有晶狀體的色素杯眼。杯口進一步縮小，可以形成鸚鵡螺眼那樣的針孔眼，在視網膜上形成初步的影像。杯內一開始為水充滿，後來為了防止異物進入，動物在杯內逐漸發展出了膠狀物質。如果杯內膠狀物的折光率加大，就會有初步的聚光能力，能在開孔比較大的情況下也在視網膜上形成比較好的影像。這樣發展下去，膠狀物質就會逐漸變成晶狀體。形成針孔的組織如果有微絲－肌球蛋白系統，使針孔的大小能改變，就能使眼睛適應光線強度的變化，最後變成虹膜和瞳孔。在這條路

第一節 感受電磁波的視覺

線中,晶狀體是從眼杯中的膠狀物變化而來的。

這兩種演化路線都有可能導致章魚型眼的出現,而且在這些過程中,感光細胞的感光部分都始終朝向光線來的方向,而發出神經纖維的位置則背朝著光線來的方向,因此章魚眼的視網膜是正貼的,進入眼睛的光線經過晶狀體匯聚後,直接聚焦在感光細胞上。

而脊椎動物視網膜反貼的單眼可能是從原始的脊索動物文昌魚的眼睛發展而來的(圖 12-11)。文昌魚大約有 5 公分長,身體透明,牠的神經系統基本上是一根中空的神經管,其在靠近身體前端的地方有一個感光結構,叫做額眼,由神經管內的色素細胞和感光細胞組成。從牠們表達基因來看,它們分別相當於哺乳動物視網膜的色素細胞(如都表達 *Otx* 基因和 *Pax2* 基因)和感光細胞(如都表達 *Otx* 基因和 *Pax6* 基因),因此很可能是脊椎動物單眼的雛形。

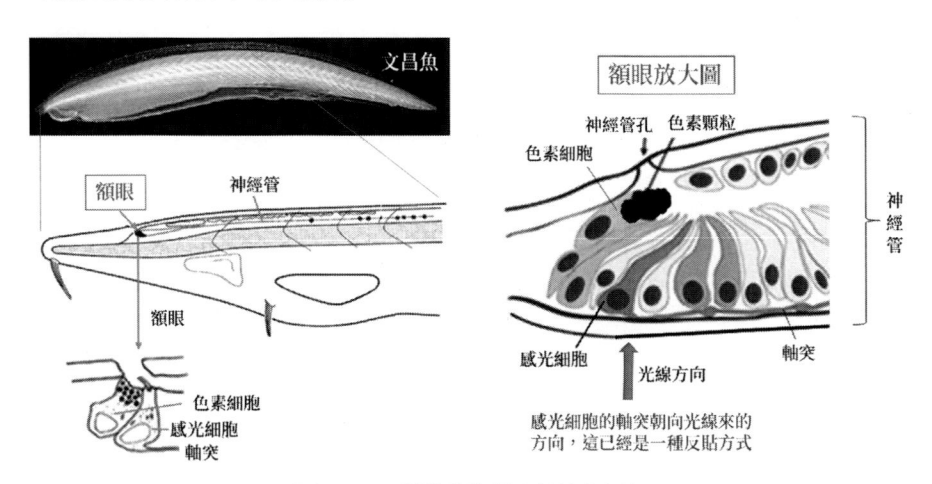

圖 12-11 脊椎動物單眼的演化過程

在額眼中,色素細胞位於神經管內的一側,感光細胞位於神經管內的另一側,在遠離色素細胞的末端發出神經纖維。由於文昌魚的身體包括神經管,都是透明的,只有色素細胞對光線是不透明的,所以光線只

第十二章　動物的感覺系統

能從色素細胞對側的方向照射感光細胞。這樣光線就必須先到達神經纖維，再經過含細胞核的細胞體，最後才到達感光細胞的感光部分。這已經是感光細胞一種倒轉的安排。

當脊索動物的體型變大，特別是逐漸發展出頭蓋骨時，位於神經管上的感光細胞能接收到的光線就越來越少了。為了得到更多的光線，神經管的這個部分向外突出，伸向體表。在這個過程中，感光細胞從一層變為三層，但是軸突朝向光線來的方向的情形始終無法改變，導致所有脊椎動物的眼睛都有反貼的視網膜。

為了減輕視網膜反貼帶來的不利影響，脊椎動物在視網膜上發展出黃斑（圖 12-12），在這裡節細胞層和雙極細胞層都向四周避開，形成一個凹陷的區域，暴露出最底層的感光細胞，基本上消除了其他細胞的干擾作用。在黃斑處，感光細胞也高度密集，例如，在人眼的黃斑處，每平方公釐有 15 萬個感光細胞，而在視網膜的其他地方，每平方公釐只有 4,000～5,000 個感光細胞，使黃斑成為視網膜中解析度最高的地方。因此脊椎動物眼睛的視網膜雖然是反貼的，但是仍然可以形成非常好的影像。

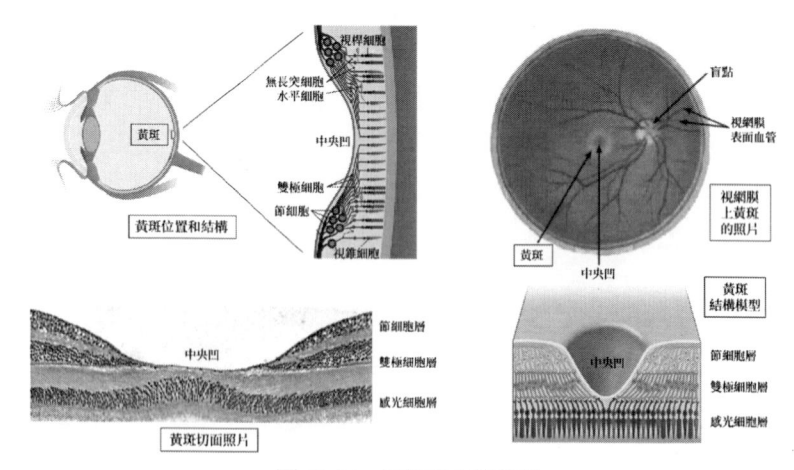

圖 12-12　視網膜上的黃斑

視覺提供的訊息對動物雖然非常重要，同時也有局限性，就是必須依賴光線的存在。在光線很暗的地方或在黑夜中，眼睛就不能很好地發揮作用。而且由於光線是直線傳播的，在觀察對象和觀察者之間不能有阻擋物，薄薄的樹葉就能擋住視線。這時不依靠光線而又能提供環境訊息的途徑就顯得重要了，其中一種途徑就是聽覺。

第二節　從物質振動中獲得資訊的聽覺

聽覺是動物從物質（可以是氣體、液體和固體）的振動中接收資訊的方式。這種訊息傳遞的方式不依靠光線，所以動物在黑暗中仍然可以聽見聲音。由於聲波的波長（對人能聽見的頻率為 16～20,000 赫的聲波，波長為 16 公分～21 公尺）大於許多物體的長度，所以聲波可以很容易地繞過障礙物，不會被聲源和傾聽者之間不太大的物體所阻擋，即使樹後面和草叢中的動靜也能被聽到。而且聲波和光線一樣，也可以被物體表面反射，在山谷中也可以聽到眼睛看不見的地方發出的聲音。

和人一樣，許多動物接受聲音的器官也是成對的。根據聲音到達身體兩邊聽覺器官的時間差和聲波的相位差，生物還可以辨別出聲源的方向和距離，因此聽覺可以在動物清醒狀態下的任何時候提供大範圍環境的三維資訊，用於發現捕食者、獵物以及其他自然過程發出的聲音。高等動物能接收的音訊範圍很廣，從聲音的頻率和質地，可以判斷是什麼物體發出的聲音（人、狗、鳥、飛機、火車、小提琴、鋼琴等），什麼自然現象發出的聲音（颱風、下雨、打雷、落葉、流水等）。人聽覺的解析度也非常高，我們可以區別不同的人發出的聲音，甚至同一個人在不同生理和病理狀況下的聲音，醫生可以從這些聲音的變化覺察到人身體狀況的變化。

| 第十二章　動物的感覺系統 |

　　動物不僅能接收外界發出的聲音，許多動物還能主動發出聲音，用於求偶、社交、警告等。被物體反射回來的聲波，還可以被一些動物（如蝙蝠和海豚）用來探測環境和對獵物進行定位。人類的語言更是人與人之間交流資訊的重要工具，而且聽別人說話是學習語言的必要條件。聾啞人不能說話，在許多情況下並不是發音器官有毛病，而是因為聽不見聲音，不知道如何模仿學習。已經會說話唱歌，隨後又失去聽力的人，由於聽不見自己發出的聲音，對自己發音中的偏差無法糾正，發音也會逐漸變得異常。這說明聽覺還有一個作用，就是把我們自己的發音和外面的語言進行比較，校正我們自己的發音。

　　雖然聲音提供的資訊非常重要，但是動物要聽見聲音絕非易事。第一，聲音主要是透過空氣的振動來傳播的，由於空氣的密度很小，聲波的壓強很小，能量密度也很小。這樣小的能量密度是不足以觸發神經細胞，使其發出電訊號的。這就要求將聲音的能量盡可能多地收集起來，加以匯聚。第二，感知聲音並將其轉變為電訊號的神經細胞基本上是由脂質膜包裹的液體，細胞本身也是浸浴在淋巴液中的，而聲音直接從空氣傳到液體中的效率極低。游泳的人都知道，當頭沒入水中時，岸上的聲音就基本上聽不見了。絕大部分聲波在遇到液體時會被反射回去而不被吸收，因此必須有另外的機制把聲音的機械能傳入細胞。第三，就是有了足夠的機械力量，感覺神經細胞也還必須有某種機制把聲音的這種機械訊號轉變成為電訊號。而動物用很聰明的辦法解決了所有這些問題。

昆蟲的聽覺

　　昆蟲是被科學實驗證明具有聽覺的無脊椎動物。蝗蟲、蟋蟀、蝴蝶、蛾子、螳螂、蟬、蟑螂、甲蟲、蒼蠅、蚊子、草蛉都被報導具有聽力。

第二節　從物質振動中獲得資訊的聽覺

蚊子的「耳朵」

蚊子的頭部有兩根長長的鞭毛，其中最外面的一段最長，叫做鞭節，是直接獲得空氣運動對其產生的力，也是產生擺動的地方。鞭節上面還長有許多細毛，以增加與空氣的接觸面，獲得更多的力。鞭節連在一個圓球形的節段上，叫梗節，梗節再透過一個叫柄節的圓盤狀結構與蚊子的頭部相連（圖 12-13）。

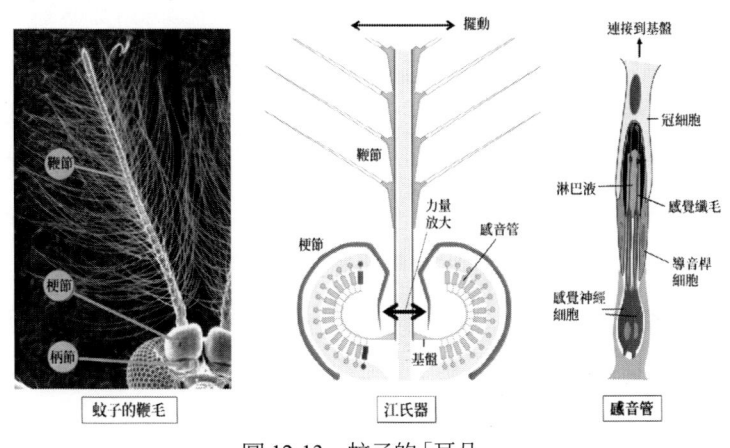

圖 12-13　蚊子的「耳朵」

梗節是感受鞭節的振動，將其變為電訊號的地方，裡面的結構叫做江氏器。江氏器裡面有一個圓盤，叫做基盤，圍繞著基盤的邊緣有大量的感音管呈放射狀排列。基盤的中心與鞭節相連，鞭節的擺動透過基盤傳到感音管上，向其施加機械力。由於鞭節的長度大大超過基盤的半徑，由於槓桿原理，鞭節擺動透過基盤傳遞到感音管上的力量會被放大很多倍，足以觸發感音管產生聽覺訊號。

雄蚊子的江氏器裡有大約 15,000 根感音管。每個感音管由三種細胞組成：頂端的冠細胞、管狀的導音桿細胞和被導音桿細胞包裹的神經細胞。冠細胞和導音桿細胞都含有由微絲組成的桿狀物，給予神經細胞機

械支持，並與基盤相連。神經細胞伸出一根感覺纖毛，上面有觸覺感受器，浸浴在含高濃度鉀離子的淋巴液中（圖 12-13 右）。

鞭節擺動時，透過基盤和冠細胞施加的機械力使神經細胞的感覺纖毛變形，觸發纖毛上的觸覺感受器，使鉀離子進入細胞。因為鉀離子是帶正電的，鉀離子的進入會改變細胞的膜電位，使其去極化（參見第六章第四節），神經細胞發出神經脈衝將訊號傳輸至神經系統。

感覺纖毛上的觸覺感受器是離子通道 TRPV，是瞬時受體電位離子通道（縮寫為 TRP 離子通道）中的一種。TRP 離子通道位於神經細胞的細胞膜上，能在機械力、酸鹼度、溫度以及一些化學物質的作用下而打開，讓細胞外面的陽離子（如鉀離子和鈣離子）進入細胞，觸發神經脈衝，是動物重要的感知各種訊號的分子，在聽覺、觸覺、溫度感知、滲透壓感知、酸鹼度感知上發揮作用（參見本章第六節和圖 12-29）。

蚊子透過鞭毛的擺動感受到的是空氣的擾動，如空氣的局部流動，而不是空氣的振動，因此江氏器還不是真正的耳朵，但是工作原理和耳朵是一樣的。

昆蟲的鼓膜器

許多昆蟲，包括蝗蟲、蟋蟀、某些蝴蝶和蛾子，有另一類感受聲音的器官，那就是鼓膜器（圖 12-14）。鼓膜器是位於體表的一片薄膜和與它相連的感音管。這個薄膜實際上是昆蟲變薄的外骨骼，它的下面有氣囊，這樣，薄膜的兩邊都是空氣，而且氣囊中的空氣也是可以壓縮的，薄膜就能隨外部空氣的振動而振動。這片膜類似於鼓的鼓面，因而被叫做鼓膜，與高等動物耳朵裡面的鼓膜有類似的功能。

鼓膜的內表面在一處或多處透過附著細胞與感音管相連，把鼓膜感

第二節　從物質振動中獲得資訊的聽覺

受到的振動傳遞給感音管。由於鼓膜的面積比與之相連的感音管的面積大很多，相當於把整個鼓膜收集到的聲波能量集中到少數幾個點上，這就大大增強了傳遞到感音管上的力量。這樣，鼓膜的振動就能不斷地壓迫和拉伸感音管，使裡面的神經細胞產生聽覺神經訊號。

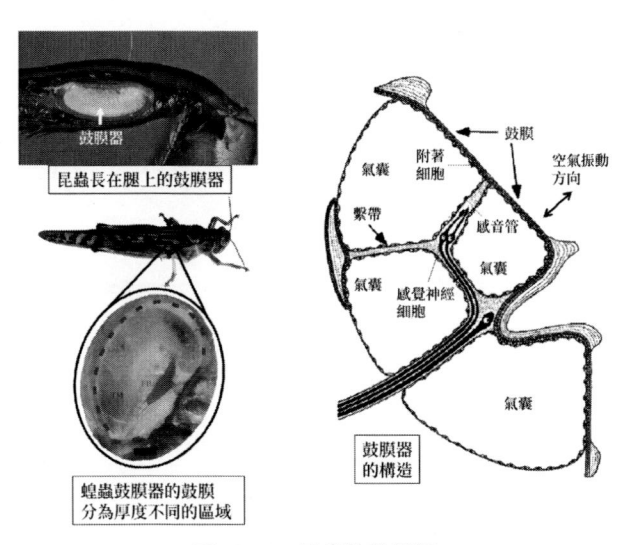

圖 12-14　昆蟲的鼓膜器

鼓膜器可以長在昆蟲身體上的許多地方，包括胸部、腹部和腿部。鼓膜的大小從草蛉的 0.02 平方公釐到蟬的 4 平方公釐，可以接收到從數百赫到數萬赫的聲音。

比起江氏器，鼓膜器作為聽覺器官有明顯的優點：它們不突出於身體之外，不容易受到損傷。更重要的是，它感受到的是聲波的壓力，而不是空氣的擾動，所以可以接收遠距離傳來的聲音，是真正意義上的聽覺器官。生活在陸地上的脊椎動物也都利用同樣的原理，使用鼓膜來收集空氣振動的能量。鼓膜的內陷還可以形成外耳道，演化成為高等動物的耳朵。

但是除了使用鼓膜外，昆蟲耳朵的構造還是和陸上生活的脊椎動物的耳朵有很大的差別，所以只能把它稱為鼓膜器。

143

第十二章　動物的感覺系統

魚類的耳朵

　　魚是生活在水裡的，而水基本上是不可壓縮的，因此魚類即使有鼓膜，也不能改變它與魚身體的其他部分之間的相對位置而施加機械力，因此魚類必須採取其他方法來接收水振動所攜帶的資訊。

　　魚的頭部有兩個裝有淋巴液的囊，叫做聽壺（圖 12-15）。聽壺上有加厚的結構，叫囊斑（圖 12-15 上中），其內壁上有許多聽覺細胞。每個聽覺細胞伸出一根纖毛（內部由微管支撐）和多根絨毛（內部由微絲支撐，參見第三章第五節）。纖毛最長，絨毛排列在纖毛的一側，長度遞減。絨毛的頂端之間，以及絨毛的頂端和纖毛之間，都有細絲連接，叫做頂端連絲（圖 12-15 右上）。

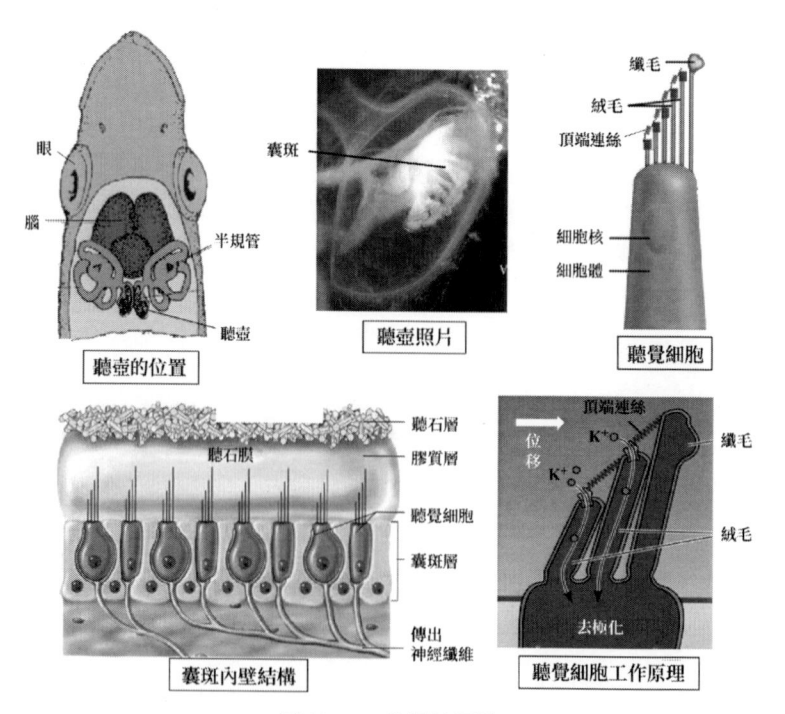

圖 12-15　魚類的耳朵

144

第二節　從物質振動中獲得資訊的聽覺

這些纖毛的上面覆蓋著一層膠質，叫做聽石膜，與纖毛的頂端接觸（圖 12-15 左下）。聽石膜內有礦物質組成的聽石，比重比較大，在有振動時會由於慣性而不能與聽覺細胞層同步移動，於是在聽石膜和聽覺細胞層之間產生相對位移，使與聽石膜接觸的纖毛發生偏轉。纖毛的偏轉會在頂端連絲上產生拉力，直接拉開絨毛膜上的 TRP 離子通道，讓鉀離子等正離子進入細胞，使聽覺細胞去極化，觸發神經脈衝（圖 12-15 右下）。

人類的耳朵

人類和昆蟲一樣，是生活在陸地上的空氣中的，因此也使用鼓膜來收集空氣中聲波的能量，但是接收空氣振動訊號的過程要複雜得多，人類耳朵的構造也可以作為在陸上生活的脊椎動物耳朵的代表（圖 12-16）。

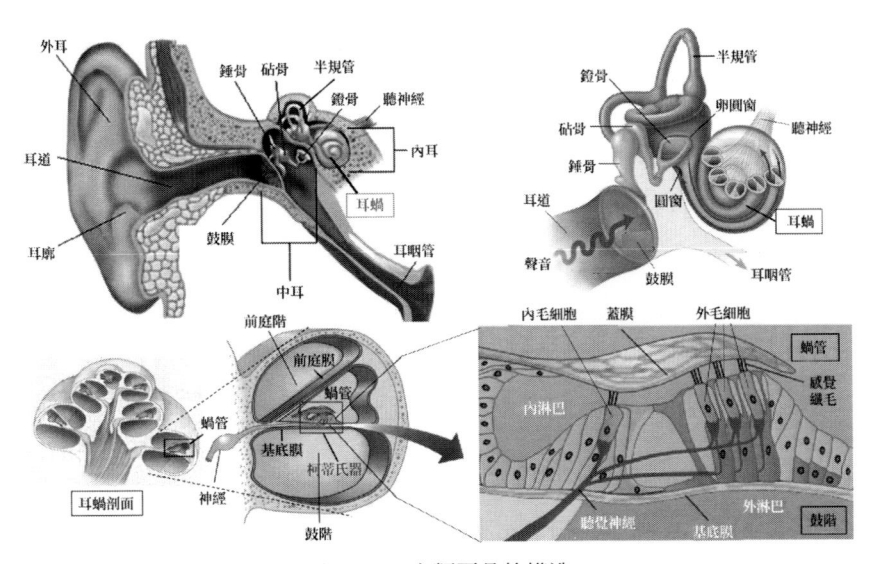

圖 12-16　人類耳朵的構造

人耳鼓膜的內側和昆蟲鼓膜的內側一樣，也是一個空氣室，這樣鼓膜才能隨空氣的振動而振動，但人耳的鼓膜面積要大得多，有 0.5～0.9

第十二章 動物的感覺系統

平方公分，比昆蟲最大的鼓膜（4 平方公釐）還要大 100 倍以上，因而可以收集到更多的聲能。不僅如此，人還有外耳，由耳廓和外耳道組成。耳廓的面積比鼓膜的面積大得多，可以透過反射聲波收集到更多的聲能，再經由外耳道傳至鼓膜（圖 12-16 左上）。

與昆蟲的鼓膜器不同，人耳的鼓膜並不和感音管相連，而是透過中耳中三塊彼此相連的聽骨（錘骨、砧骨及鐙骨）把振動傳到內耳。內耳由兩部分組成。一部分是三根半圓形的管子，叫半規管，彼此以 90 度的角度相連，裡面充滿液體，與身體的平衡有關（參見本章第四節）。另一部分是一個蝸牛狀的結構，裡面也充滿液體，專管聽覺，叫做耳蝸。

耳蝸的外殼比較堅硬，像是蝸牛的殼。為了接收由聽骨傳來的振動，耳蝸上有一個卵圓形的小窗戶，覆以薄膜，叫做卵圓窗（圖 12-16 右上），薄膜與鐙骨相連。由於液體不可壓縮，為了卵圓窗能夠振動，耳蝸在卵圓窗附近還有一個圓形的小窗，也覆以薄膜，叫圓窗，以釋放振動的壓力。

耳蝸內是一條骨質的管道，圍繞一個骨軸盤旋大約兩周半。這根管道被兩張分界膜分成三條管道。其中基底膜把管道分為上下兩部分。上部為前庭階，與卵圓窗相連；下部為鼓階，與卵圓窗附近的圓窗相連。兩條管道都充滿外淋巴液，在耳蝸的頂部透過蝸孔相通（圖 12-16 左下）。

前庭階（上管道）又被一個斜行的前庭膜分出一個管道，叫做蝸管，裡面充滿內淋巴液。內淋巴液的組成和外淋巴液不同，含有高濃度的鉀離子，和昆蟲感音管裡的淋巴液組成相似。蝸管是盲管，與前庭階和鼓階裡的外淋巴液都不相通。感覺聲音的神經細胞就浸浴在內淋巴液中。

當鼓膜的振動透過聽骨到達卵圓窗膜時，壓力的變化就傳給前庭階裡面的外淋巴液。當卵圓窗膜內移時，前庭膜和基底膜就下移，最後是

鼓階的外淋巴液壓迫圓窗膜外移。所以壓力從卵圓窗膜傳入，從圓窗膜傳出。相反，當卵圓窗膜外移時，整個耳蝸內結構又做反方向的移動，於是形成耳蝸中外淋巴液的振動。

把耳蝸內液體的振動轉換為神經細胞電訊號的地方位於渦管基底膜上的一個結構，叫做柯蒂氏器（圖 12-16 下中及右）。在柯蒂氏器中，在基底膜上有四排感覺神經細胞，以與蝸軸平行的方向排列。它們的頂端長有絨毛，所以又叫毛細胞，但是不像魚的毛細胞那樣有纖毛和絨毛，而是只有絨毛。絨毛的排列和連接方式與魚類感音囊的毛細胞結構相似，也是從高到低排列，頂端有微絲相連。三排毛細胞在外（遠離蝸軸），叫外毛細胞，一排在內，叫內毛細胞。人的每個耳蝸大約有 3,500 個內毛細胞，15,000 個外毛細胞。

毛細胞上最長的一列絨毛與覆蓋在它們上面的一個叫蓋膜的板狀物接觸，類似於魚感音細胞上的纖毛與聽石膜接觸。蓋膜比較肥厚，在壓力變化時能伸開縮回，就像按壓一塊厚橡皮時會使它向四周蔓延，放手後橡皮又縮回。這種變形會給予絨毛剪力，使其發生偏轉，透過頂端連絲拉開細胞膜上的 TRP 離子通道，使內淋巴液中的鉀離子進入細胞，觸發神經脈衝。除人以外，其他哺乳動物以及鳥類、爬行類動物和兩棲動物，也用這種機制來聽聲音。

既然動物能聽到聲音，自然也可以發出聲音來向其他動物傳遞訊息，或者依靠反射回來的聲音對物體進行定位。

動物的發聲和用聲音定位

許多昆蟲透過摩擦翅膀來發聲，如蟋蟀和蟬。牠們的兩隻翅膀上各有一條增厚並且硬化的區域，其中一個區域上面有規則排列的嵴，像銼

第十二章　動物的感覺系統

刀的表面，叫音剉。在另一翅膀對應的位置上有一個結構，叫刮器。刮器刮過音剉時，就像用硬物刮過梳子上的齒，會發出聲音，翅膀抖動的快慢和嵴之間的距離則決定聲音的頻率（圖 12-17 左）。

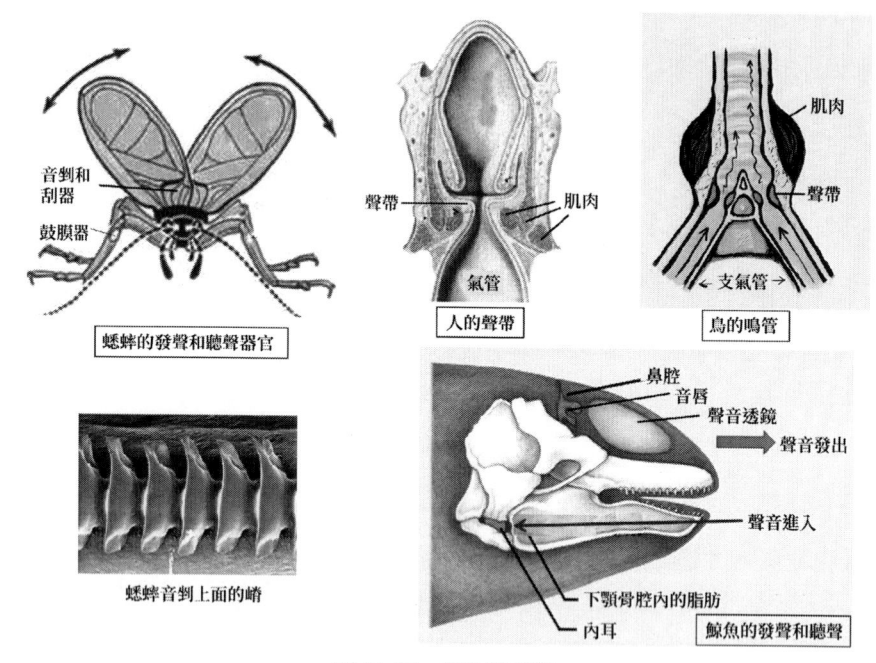

圖 12-17　動物的發聲

魚可以用魚鰾的振動來發聲，如深水魚中的琵琶魚、新魳魚、犬牙石首魚和多鬚石首魚就可以用魚鰾的振動來發聲。發聲是與魚鰾相連的肌肉快速收縮和放鬆的結果。

人用聲帶發聲（圖 12-17 上中）。聲帶位於喉部的氣管中，是一對可以開合的膜狀組織，空氣呼出時，能夠帶動聲帶振動，發出聲音。鳥類透過鳴管發聲。在鳥類氣管的分支處，即氣管分為兩條主支氣管的地方，支氣管的內壁長有音唇，相當於哺乳動物的聲帶，在有空氣流過時發出聲音，因此鳥類相當於有兩對聲帶。透過環繞鳴管肌肉的收縮，就

可以控制聲音的頻率和長短（圖 12-17 上右）。

蝙蝠和海豚雖然一個生活在陸上，一個生活在海中，但是牠們都能主動發出聲音，並且利用回聲來定位，相當於動物的聲納。

蝙蝠透過喉部氣管末端的聲帶來發聲。從獵物回聲到達的時間，蝙蝠可以判斷獵物的距離，從回聲到達兩隻耳朵的時間差，蝙蝠還可以判斷獵物的方向。

鯨類哺乳動物（包括海豚、江豚、虎鯨、抹香鯨），都可以用聲音來定位（圖 12-17 下右）。牠們將空氣噴過骨質的鼻孔（如鯨魚的噴水口），帶動音唇發聲。聲波被頭骨反射，經過一個脂質的聲音透鏡聚焦，再從頭部的前方發出去。之所以這個結構叫聲音透鏡，是因為這個橢球狀的物體由不同密度的脂肪組織構成，密度高的地方聲音傳播速度快，密度低的地方聲音傳播速度慢，就可以把聲音聚集到一個方向。為了接收回聲，鯨魚的耳朵不是位於頭骨內，而是位於下顎中，回聲利用下顎中複雜的脂肪層匯聚，再傳到耳中。由於聲音在水中的傳播速度（大約 1500 公尺／秒）是在空氣中（343 公尺／秒）的 4 倍多，水中聲納是很有效的定位系統。

第三節　從直接接觸中獲得資訊的觸覺

觸覺是動物與外界物質或自身部分直接接觸時產生的感覺。透過觸覺，我們能感覺到風、水流、障礙物，我們能摸出物體的形狀、大小、質地，能感知物體是柔軟還是堅硬，是粗糙還是光滑，身體所受的壓力是大還是小。

在低等動物中，觸覺就開始發揮作用了。例如，單細胞的草履蟲在碰到障礙物時會改變游動方向，這是因為觸碰會透過細胞膜上對機械力

第十二章 動物的感覺系統

的感受器讓正離子進入細胞，改變膜電位，使纖毛擺動的方向逆轉。線蟲的鼻子（最前端的部位）碰到障礙物時，也會改變爬行方向。因此觸覺出現的時間非常早。

觸覺感受到的仍然是機械力，所以所使用的神經細胞在結構上也與上面提到的感覺聲音的聽覺神經細胞非常相似，工作原理也相同。

昆蟲的觸覺

昆蟲用身體表面的剛毛器來感知觸碰。剛毛器長在昆蟲的頭、胸、腹、腿、翅膀上，可以感知身體幾乎任何部位的觸碰（圖 12-18 左）。

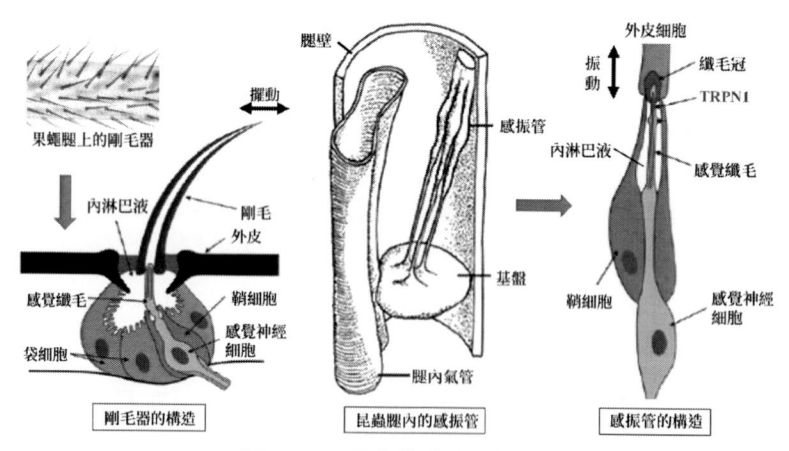

圖 12-18　昆蟲的剛毛器和感振管

顧名思義，剛毛器就是感覺神經細胞上面套著一根空心的硬毛。硬毛的作用就相當於槓桿，把接觸的機械力放大。感覺神經細胞伸出一根感覺纖毛，頂端插入剛毛的空管中。感覺纖毛的周圍是一個空腔，裡面裝有高鉀的淋巴液。剛毛在和外面的物體接觸而發生偏轉時，就會拉開感覺纖毛上的離子通道，讓淋巴液中的鉀離子等正離子進入神經細胞，觸發神經脈衝。剛毛器中感知觸覺的蛋白質也屬於 TRP 離子通道。

第三節　從直接接觸中獲得資訊的觸覺

除了剛毛器，昆蟲的腿內還有感振管（圖 12-18 右），使昆蟲可以感受到地面的振動。感振管的構造和鼓膜器中感音管（參見本章第二節）非常相似。許多昆蟲的腿內部是空的，感振管的一端連在腿的表面，另一端連在腿內的基盤上，這樣體表的接觸就可以把力量直接傳送到感振管中的神經細胞上。感振管中感知觸覺的蛋白質是 TRP 離子通道中的 TRPN1。

魚類的側線

魚類感覺周圍環境的一個重要方式，就是用體表的一些結構來感知與身體表面接觸的水流的狀況，這就是魚身體兩側的側線（圖 12-19）。側線實際上是鱗片下面的一條管道，在相鄰的兩片鱗片之間拐到鱗片上方，在那裡有一個開口，在開口之後，通道又鑽到鱗片下，再從下一片鱗片的上方鑽出。這有點像坎兒井，水通道在地下，隔一段距離有一個通向地表的開口。

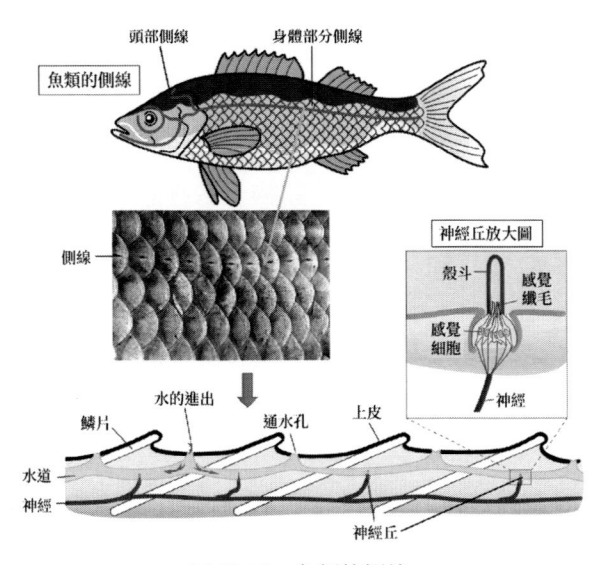

圖 12-19　魚類的側線

第十二章　動物的感覺系統

　　在通道鑽入鱗片下面以後，在通道的下方有感覺水流的結構，叫做神經丘。每個神經丘裡面有數個感覺神經細胞，在頂端長出許多根絨毛，類似耳蝸中的毛細胞。這些絨毛被套在一個鐘形的叫做殼斗的帽子內，水流的力量會使殼斗彎曲偏轉，使微絨毛變形，觸發神經脈衝。

　　魚周圍的水被擾動時，在不同開口處，水的壓力就會不一樣，水會從壓力高的地方進入水通道，從壓力低的地方流出，在側線的各段形成方向不一致的水流。在不同側線位置上的神經丘會感覺到這些水流的方向和速度，給予魚周圍環境的豐富資訊，包括捕食者的接近、獵物的逃跑等。

　　由於魚的聽力整體而言不是很發達，側線提供的資訊就非常重要。例如，體型比較小的魚容易受到其他動物的捕食，所以常常聚成魚群，以迷惑捕食者。實驗顯示，失去視力，但是側線完整的魚可以跟隨魚群游動，但是側線喪失功能的魚就無法調整自己的方向。

哺乳動物的觸覺

　　哺乳動物的身體結構與昆蟲不同，剛毛器和感振管那樣的結構對於哺乳動物已經不合適了，而且哺乳動物多數在陸上生活，自然也用不到魚那樣的側線來感知水流。哺乳動物是用皮膚下面的各種受體來感知觸碰資訊的（圖 12-20）。由於接觸的方式各式各樣，所以哺乳動物也發展出各種不同的結構來包裹神經末梢，以獲取接觸所能夠帶來的各種豐富的資訊。但是這些結構的共同點都是使用神經末梢（感覺神經分支的末端）來感知機械力造成的皮膚變形，皮膚變形使這些結構中的神經末梢變形，使末梢上的離子通道打開，陽離子進入神經細胞，降低膜電位，觸發神經脈衝。

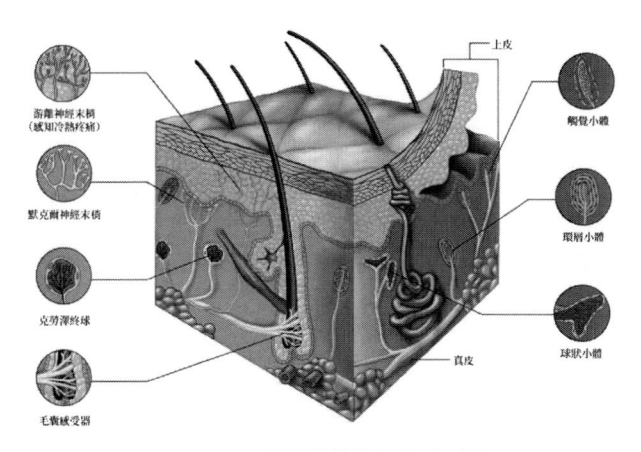

第三節　從直接接觸中獲得資訊的觸覺

圖 12-20　哺乳動物的觸覺感受器

環層小體

　　環層小體又稱帕西尼氏小體，呈橢球形，長約 1 公釐，外面有結締組織包裹，裡面有 20～60 層由成纖維細胞組成的同心膜，膜之間有膠狀物質，中間則是感覺神經末梢。環層小體感受物體的光滑度和皮膚的快速變形，而且對振動非常敏感。

　　人的指尖上的指紋就含有環層小體。在指尖的皮膚摸過物體表面時，與指尖運動方向垂直的指紋能夠使皮膚發生振動而被環層小體感覺到。粗細不同的表面所產生的振動頻率不一樣，使我們知道物體表面的性質。之所以指紋是環形的，是因為這樣的安排使指尖向任何方向撫摸時，都會有一些指紋與撫摸的方向垂直。

觸覺小體

　　觸覺小體位於皮膚表面叫真皮乳頭的突起下面，離皮膚表面非常近，小體內有若干扁平的細胞層，神經末梢就位於這些細胞之間。觸覺小體對輕微的接觸非常敏感，在指尖和生殖器上非常密集。

153

球狀小體

　　球狀小體位於皮膚的深層，形狀為梭形，連接它的神經纖維在進入小體後分支，纏繞於膠原纖維之間。球狀小體能感知皮膚的拉伸和持續的壓力。它在指甲周圍的密度最高，對角度的變化非常敏感，這個性質使它可以監測手握住的物體是否滑落，從而調整握力。

默克爾神經末梢

　　默克爾神經末梢位於真皮下，由默克爾細胞和與它有突觸連繫的神經末梢組成。這些末梢沒有特殊的結構包裹它們，能感受持續的壓力和低頻率（5～15 赫）的振動。它們的反應面積（能觸發一根末梢反應的皮膚面積）非常小，使它們對物體表面有很高的解析度。它在指尖上密度非常高，因此盲人可以辨識盲文。

克勞澤終球

　　克勞澤終球位於皮下和口腔黏膜中，形狀為橢球形，外有結締組織包裹，內有膠狀物質，神經末梢分支在其中捲曲為球形，也能感知接觸所產生的機械力。

毛囊感受器

　　除了皮膚表面，毛髮根部的毛囊裡面有毛囊感受器，在這裡神經末梢反覆分支，圍繞在毛囊上，在毛髮被觸動時能感受到。

　　在這些感受器中具體感知機械力的離子通道的種類還不完全清楚，但是至少在默克爾小體中發現有 TRP 類型的離子通道。

第四節　動物的自體感覺

　　動物要運動，不僅要感知外界的資訊，也要隨時了解自己身體的狀況，包括身體的上下朝向以及身體的姿勢，例如，是站立的還是躺下的，手臂是抬起的還是下垂的，躺下時腿是伸直的還是彎曲的等等。動物在運動時，還需要知道身體運動的方向和速度。這些對動物自己身體狀況的感知統稱為自體感覺。動物的自體感覺也是由對機械力敏感的蛋白受體分子來實現的，使用的原理也和聽覺和觸覺的原理非常相似，甚至在功能上有重疊。

動物對上下方向的感知

　　地球上的生物都生活在重力場中，都要面對上下方向（即逆著和順著重力方向）的問題。由於重力的作用，所有生物的上端和下端都是不一樣的，動物的上下方向也不能對調，否則生活就會很不方便或者無法生活。因此動物必須有感知身體上下方向的能力。

　　蚊子的江氏器既能感知空氣的振動，也能感知重力。牠們的頭部在不同的位置時，鞭毛施加於江氏器上的力在方向上是不同的，也會啟動不同位置的感音管，讓這些昆蟲感知自己的空間方向。

　　水母感知重力的結構叫做感覺垂（圖 12-21 左），其中含有礦物質組成的顆粒，也叫聽石，雖然在這裡與聽覺沒有關係。這些聽石的比重比較大，水母身體改變方向時，感覺垂就像天花板上用繩子吊著的重物，在天花板傾斜時仍然要垂向下方，與天花板之間的角度會改變。這個角度改變會使感覺垂與旁邊感覺神經細胞的空間關係改變，所施加的力量就會使神經細胞發出神經訊號。

第十二章　動物的感覺系統

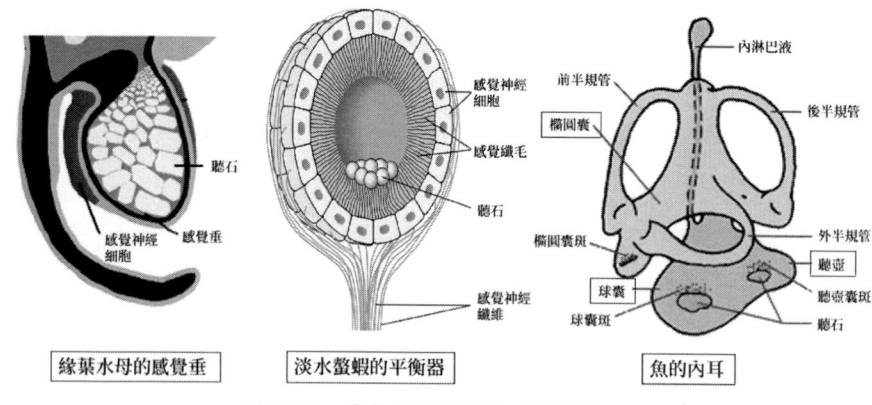

圖 12-21　動物感知上下方向的器官

　　生活在水中的一些動物如貝類、水母、海膽、海星、龍蝦、螃蟹等，感知重力的器官叫平衡器（圖 12-21 中）。這是一個含有聽石的囊狀結構，囊的內面排列著感覺神經細胞。聽石含有無機鹽，比重比較大，在生物改變方向時聽石由於慣性會在囊中滾動，觸發其中一些感覺神經細胞絨毛上的離子通道，給予動物方向的資訊。

　　魚聽壺上的囊斑（參見本章第二節）除了聽聲音外，也可以感覺重力的作用（圖 12-21 右）。魚改變相對於重力的方向時，聽石膜也會改變位置，刺激感覺神經細胞。除了聽壺上的囊斑，魚類還有另外兩個結構類似的囊，叫橢圓囊和球囊，也可以感受重力。在哺乳動物和鳥類中，橢圓囊和球囊仍然在內耳中保留，用來感受重力。

對運動加速度的感知和身體平衡

　　動物在運動時，必須隨時了解自身的運動狀態，以使動物的身體保持平衡。根據力學原理，物體在加速和減速時都會產生力。運動有直線運動和轉動，加速度也有直線加速度和角加速度。這兩種加速度所產生的力是由不同的結構來感知的。

第四節　動物的自體感覺

　　上面說過的感知重力的囊斑、橢圓囊和球囊，由於含有比重大的聽石，在有加速度時也會產生相對位移，拉動毛細胞上的感覺纖毛，觸發神經脈衝。

　　而旋轉加速度則由內耳的半規管來感知（圖 12-22）。從魚類開始，內耳中與感知聲音和重力的囊相連的部位就有三根半規管，從囊上發出，彼此垂直相交，在方向上類似於空間的 X、Y、Z 軸。半規管裡面有內淋巴，每條管的兩端還有膨大的部分，叫做壺腹，壺腹內一側的壁增厚，向管腔內突出，形成一個與管長軸相垂直的壺腹嵴。壺腹嵴有一個膠質的冠狀結構，叫做蓋帽，裡面埋有感覺神經細胞發出的絨毛。動物的頭部旋轉時會帶著半規管一起轉動，但是管內的內淋巴液由於慣性而產生延遲反應，在半規管內流動，衝擊壺腹嵴使其偏轉，帶動毛細胞上的感覺絨毛變形，觸發神經脈衝，提供身體轉動的訊息。

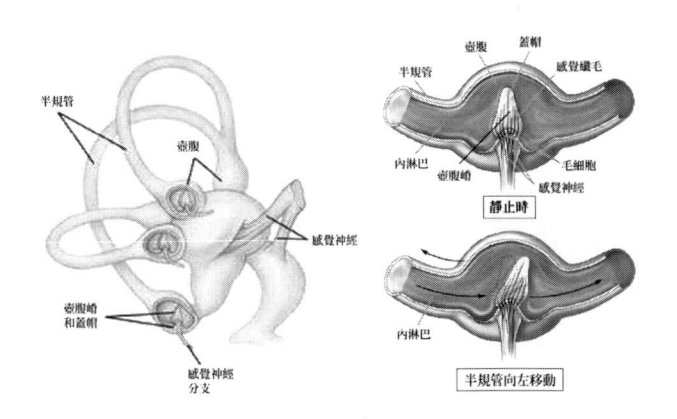

圖 12-22　半規管感覺身體轉動

動物對身體姿勢的感覺

　　除了感受重力和保持身體平衡，機械力感受器還有一個功能，就是對身體的姿勢進行監測。例如，我們即使閉著眼，也知道我們是坐著、

第十二章　動物的感覺系統

站著還是躺著；我們吃飯時只能看見食物，看不見自己的嘴巴，但是我們還是能準確地把飯送進嘴裡面去；琴師拉琴時不看手指頭；籃球運動員投球時不看手；歌手唱歌看不見自己的嘴巴和聲帶；我們走路不看自己的腳，但是都能準確地完成動作，依靠的就是監測自己身體各部分相對位置的系統。

身體的姿勢是由肌肉、筋腱、關節上對機械力反應的受體來監測的，它們報告肌肉張力、長度以及關節角度等與運動有關的資訊。其中位於肌肉中段的感覺結構叫做肌梭，它感覺肌肉的長度（圖 12-23 左及中）。肌梭呈梭狀，長數公釐，外面有結締組織包囊，內面有數根肌纖維，叫梭內肌纖維。神經纖維反覆分支，纏繞在梭內肌纖維上。當肌肉被拉伸時，梭內肌纖維被拉伸，拉開神經纖維上的離子通道，使神經細胞發送出的神經脈衝頻率增加。反之，當肌肉收縮時，梭內肌纖維縮短，發出的神經脈衝頻率降低。

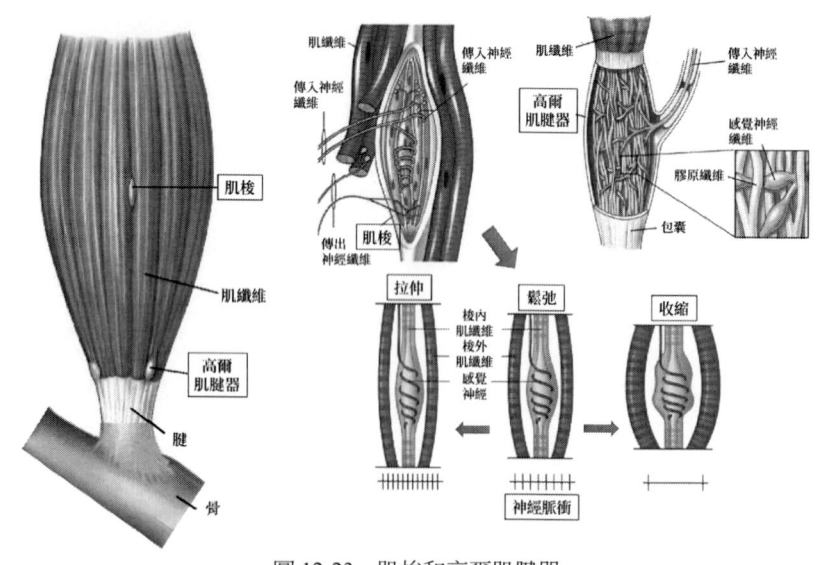

圖 12-23　肌梭和高爾肌腱器

肌肉的張力則透過肌肉－筋腱連接處的高爾肌腱器（圖 12-23 右上）（不要與第三章第八節中的高基氏體相混淆）來監測。高爾肌腱器由連接肌肉和筋腱的膠原纖維組成，外面也有包囊。神經纖維反覆分支，纏繞在這些膠原纖維上。肌肉張力變化時，這些纖維受到的張力也改變，使神經細胞發出神經脈衝的頻率改變。

關節所受的力和關節的角度則透過骨頭之間的軟骨組織，如膝關節上的半月板上的機械力感受器來感知。前面說過的皮膚上的球狀小體也表達在關節中，在角度的改變不到 3 度時就能發出訊號。

第五節　感受分子性質的嗅覺和味覺

除了視覺、聽覺和觸覺，動物還可以透過辨識外部分子結構特點的方式來獲得外部世界的資訊。例如，動物要進食，首先需要知道哪些東西是身體可以利用的營養物，可以吃，哪些東西沒有營養，甚至有毒，不能吃。這樣的資訊是視覺、聽覺和觸覺難以提供的，而必須透過含在食物中某些特徵性分子的結構來獲得。獲得這些特徵性分子資訊的機制就是味覺。

動物從水中轉到陸上生活後，還可以獲得一種新的感知外部世界的方式，這就是從在空氣中飄浮的分子（即所謂揮發性分子）獲得外部世界的資訊，如捕獵對象或者捕食者是否存在，附近是否有配偶等，這就是動物的嗅覺。

無論是味覺還是嗅覺，都使用細胞表面的蛋白質分子與外部的分子結合，這種結合改變蛋白質分子的形狀，同時改變它們的功能狀態，即從「關」到「開」的狀態，再把資訊傳遞下去。

第十二章 動物的感覺系統

動物的味覺

水螅的味覺

水螅是多細胞動物，以捕獲水蚤這樣的動物為食。水螅並不能直接嘗到水蚤的味道，而是在感覺到運動物體時，釋放出刺細胞中帶倒鉤的尖刺將獵物刺傷，再去嘗被刺傷動物釋放出來的物質的味道。這個被水螅當作味道來嘗的分子，就是在生物細胞中普遍存在的穀胱甘肽（由麩胺酸、半胱胺酸和甘胺酸相連組成的三肽）。穀胱甘肽的存在向水螅表示：這是活食，由此觸發水螅觸手的捲曲，將食物送到口處，同時牠的口會張開，迎接食物。無須水蚤，穀胱甘肽本身就能使水螅的口張開，而且張開的時間隨穀胱甘肽濃度的增加而增加，說明穀胱甘肽的確是水螅用來辨識食物的分子。

水螅是有神經系統的最簡單的多細胞動物（參見第四章第六節）。它具有由神經細胞連成的神經網，但是沒有神經節，更沒有腦。水螅是否能感覺到穀胱甘肽的味道？換句話說，水螅是否有味覺？在高等動物中，味覺是和回報感覺相互關聯的，即食物的味道可以使動物產生愉悅的感覺，以鼓勵動物去進食。這種感覺在動物的大腦中是透過多巴胺和血清素等神經傳導物質來實現的（參見第八章第六節），而水螅已經能生產多巴胺和血清素，所以水螅可能已經有味覺。

線蟲的味覺

線蟲是比水螅複雜的多細胞動物，成蟲有959個體細胞，其中302個是神經細胞，而且這些神經細胞已經開始聚集成為神經節。它們主要生活在土壤中，以細菌為食。線蟲能被細菌產生的可溶性化學物質所吸

第五節　感受分子性質的嗅覺和味覺

引，如銨離子、生物素、賴胺酸、血清素、環腺苷酸等。細菌分泌到細胞外，用於感知細菌濃度的醯化高絲胺酸內脂（簡稱 AHSL）也能吸引線蟲，因為 AHSL 濃度高的地方也意味著有高濃度的細菌。另外一些物質如喹啉（對人是苦味）、二價銅離子（對生物有毒）、氫離子等，能使線蟲有避開反應，說明線蟲也能感受對身體有害的物質。

線蟲在身體的前端和後端各有一對感受外界分子的感受器（圖 12-24 上）。在身體最前端的叫頭感器，在肛門後方靠近尾部的叫尾感器，它們裡面各有幾個感覺神經細胞。前端的感受器主要感受有吸引力的分子，與驅使線蟲前進的運動神經細胞相連。後端的感受器主要感受需要避開的分子，與驅使線蟲後退的運動神經細胞相連。這樣，有吸引力的刺激和需要規避的刺激就能直接與線蟲的運動方式相連。

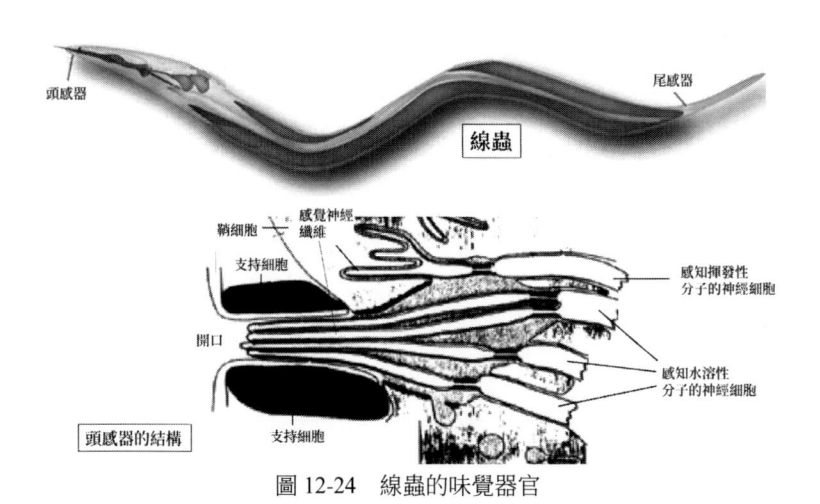

圖 12-24　線蟲的味覺器官

線蟲的頭感器上有一個由兩個支持細胞包圍成的孔，每個感覺神經細胞發出一根纖毛，透過孔與外界接觸（圖 12-24 下）。纖毛上有對外界分子的受體，這些受體中的一些是 G 蛋白偶聯受體（GPCR）家族的成員

（關於 G 蛋白，參見第六章第三節），用來感受甜味，但是也有其他類型的蛋白質分子。

例如，線蟲感知低濃度氯化鈉溶液的受體就不是 GPCR，而是一類叫 DEG 的受體分子。這類分子是一種鈉離子通道，能夠感知低濃度的氯化鈉溶液並且打開通道，讓鈉離子進入細胞，降低膜電位而觸發神經脈衝。不僅是線蟲，其他動物包括蝸牛、昆蟲、青蛙及哺乳動物（包括人），都用這類受體來感知氯化鈉，所以是動物的鹹味受體。在哺乳動物中，這種受體叫做上皮細胞鈉離子通道（簡稱 ENaC），二者統稱為 DEG／ENaC。

線蟲沒有呼吸系統，自然也沒有鼻腔，但是牠的兩個感受器不僅可以感受水溶性的化合物，還可以感受揮發性的化合物，如胺、醇、醛、酮、脂類化合物，以及芳香化合物（環狀碳氫化合物）和雜環化合物（環中有非碳原子的化合物）。這些神經細胞發出的感覺纖毛不是暴露在感受器的開口處，而是埋在開口旁邊的鞘細胞的凹陷處，揮發性化合物可以透過細胞膜擴散到這些感覺纖維上去（圖 12-24 下）。從這個意義上講，線蟲的感受器也同時具有嗅覺的功能。這兩個功能只有在更高等的動物中才被分開。

昆蟲的味覺

昆蟲已經有腦，這就是位於食道上方的食道上神經節和食道下神經節（圖 4-16），它們之間有神經通路相連。昆蟲腦的分區使昆蟲可以對味覺訊號和嗅覺訊號分開處理，如味覺訊號就是由食道下神經節處理的。

由於昆蟲的神經系統已經有比較強大的資訊分析能力，昆蟲的味覺感受器和嗅覺感受器不再如線蟲那樣，表達在同樣的感受器（頭感器和

第五節　感受分子性質的嗅覺和味覺

尾感器）中，而是彼此分開，在身體的不同位置配置。味覺感受器主要在口器最前端的唇瓣上，同時也在腿上和翅膀上（圖 12-25 左）。所以昆蟲可能是先用腿嘗，再進一步用嘴嘗。而嗅覺感受器主要在觸角和下顎鬚（口器旁邊的一對觸鬚）上（參見圖 12-27）。

典型的昆蟲味覺感受器是外皮上空心的毛，毛的頂端有一個開口，內部有數個感覺神經細胞，透過它們發出的感覺纖毛與外界接觸（圖 12-25 右）。例如，腿部的味覺感受器就有四個感覺神經細胞，分別發出感受甜味（蔗糖）的 S 神經纖維、感受苦味（如奎寧和黃連素）和高鹽的 L2 神經纖維、感受低鹽溶液的 L1 神經纖維，感受水的 W 神經纖維。

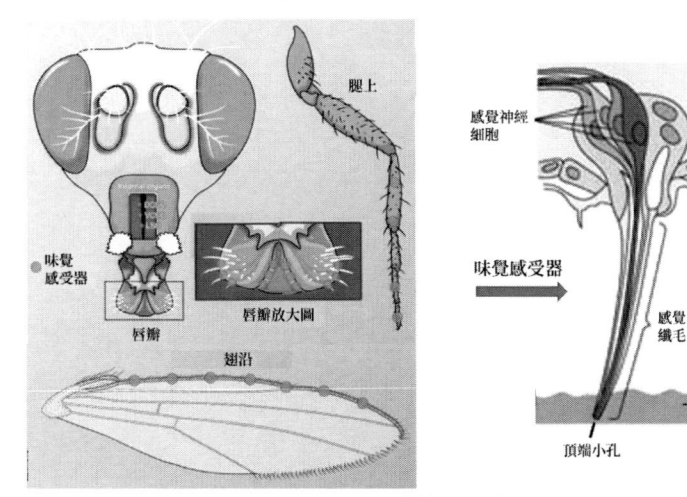

圖 12-25　昆蟲的味覺感受器

昆蟲的味覺受體（Gr）是一種離子通道，在結合味覺分子後通道打開，讓陽離子進入細胞，觸發神經脈衝，將訊息傳遞下去。Gr 類型的味覺受體主要存在於昆蟲中，感受甜味和苦味。與線蟲類似，昆蟲也用 DEG／ENaC 類型的受體來感覺鹹味。

除了感受甜、苦、鹹等味道，昆蟲還能夠嘗到水的味道。這是由表

第十二章　動物的感覺系統

達感知水的 W 神經纖維上的 ppk28 受體來實現的。

昆蟲的味覺感受器有時還能執行嗅覺的功能，如蚊子透過感受動物呼出的二氧化碳來尋找吸血對象，其中傳播瘧疾的瘧蚊就使用 Gr76 和 Gr79 來感受二氧化碳。

哺乳動物的味覺

哺乳動物的味覺功能主要是由口腔中的舌頭來執行的（圖 12-26）。人的舌頭表面有許多乳頭狀的突起，叫舌乳頭，上面有感覺味道的結構，叫做味蕾。不同位置的味蕾重點感覺的味道不同，例如舌尖主要感受甜味，舌根主要感受苦味，舌兩邊靠後主要感受酸味，舌兩邊靠前主要感受鹹味。每個味蕾含有 50～100 個味覺細胞，聚集成球狀，埋在舌頭的上皮細胞中。每個味覺細胞在味蕾開口處發出絨毛，上面有味道感受器。溶解於唾液的外來味覺分子與這些絨毛上的受體分子結合，觸發神經脈衝，將味覺訊號傳至大腦。

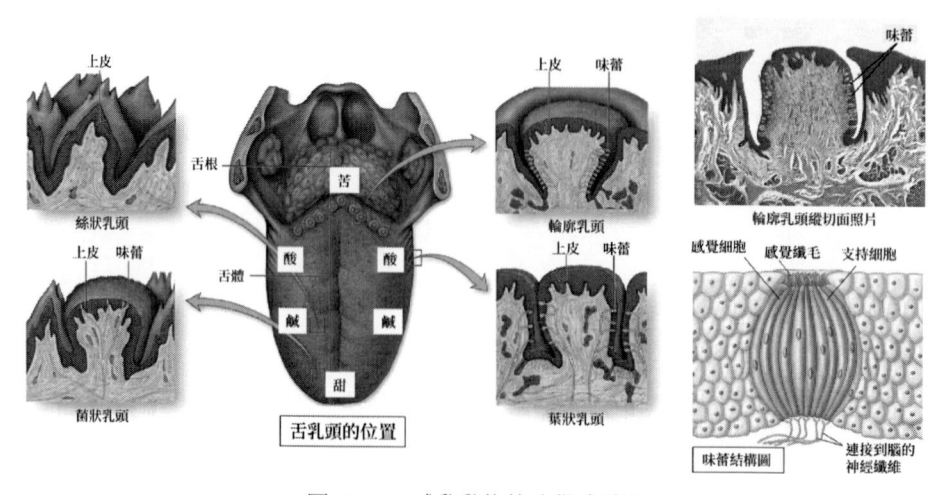

圖 12-26　哺乳動物的味覺感受器

哺乳動物的味覺大致可以分為 5 種：甜、鮮、苦、酸、鹹，基本上和過去認為的酸、甜、苦、辣、鹹 5 種味道一致，其中只有一個不一樣。辣過去被認為是一種味道，現在已經知道是辣椒素結合於一種 TRP 離子通道所引起的感覺，由於這種 TRP 離子通道也可以被攝氏 42 度及攝氏 42 度以上的溫度活化，所以辣和燙其實是同一種感覺，而且辣椒素還能在舌頭以外的皮膚或黏膜上引起灼燒感，說明它不是味覺。鮮味過去被認為不是一種味道，現在被發現是透過與感受甜味的受體類似的受體感覺的，而且在非味覺器官中不被感受到，所以被列為 5 種味道之一。

甜味受體和鮮味受體

和線蟲一樣，動物也是透過 GPCR 來感知甜味的，而且 GPCR 還能夠感受鮮味。動物接收甜味和鮮味的受體屬於 GPCR 中的 T1R 家族，這個家族只有三個成員——T1R1、T1R2、T1R3。T1R2 和 T1R3 組合在一起，就是甜味受體。T1R1 和 T1R3 組合在一起，就是鮮味受體。甜味和鮮味的受體共用 T1R3，說明對動物進食最關鍵的兩種味覺（甜味和鮮味）是從過去共同的感覺分化而來的。

苦味受體

植物為了對抗動物啃食，發展出一些對動物有害的化合物，如各種生物鹼。動物也發展出了用味道來辨識這些化合物的機制，那就是苦味，提醒動物、植物中可能含有害物質，最好不要去吃。哺乳動物感受苦味的受體也是 GPCR，屬於裡面的 T2R 家族。動物無須區分潛在的有害物質究竟是什麼，只要能提供警戒訊號就行，所以各種有害物質都在神經系統中被感覺為苦味。例如，黃連素和奎寧是結構不同的化合物，但是我們感覺到的味道都是苦的。

第十二章　動物的感覺系統

酸味受體

哺乳動物的舌頭對酸味（pH 降低）的感覺是由 TRP 類型的受體來感知的。它表達於味蕾開口處附近的味覺細胞表面上，在 pH 降低到 5.0 左右時被啟動，在神經系統中產生酸的感覺。

鹹味受體

哺乳動物感受鹹味的也是前面提到過的線蟲感受氯化鈉的上皮鈉通道 DEG／ENaC。如果不讓這個通道在小鼠的味覺細胞中表達，這些小鼠就嘗不到食鹽的鹹味，即使長時間不讓這些小鼠吃鹽，牠們也對鹽不感興趣。

動物的嗅覺

嗅覺使動物能從空氣中所含的分子來感知外部環境的資訊。嗅覺不需要與發出氣味的物體直接接觸，所以能感知比較遠距離上的訊息，如鹿就可以聞到幾十公尺以外老虎的味道，動物發展出專門的嗅覺器官是非常自然的事情。

雖然嗅覺探測的是空氣中的分子，但是這些分子也必須先溶解於水中，才能與受體分子結合，產生嗅覺訊號。從這個意義上講，嗅覺與味覺並無根本的區別，嗅覺受體也很容易從味覺受體轉變而來，動物使用的嗅覺受體和味覺受體也非常相似。

昆蟲的嗅覺

昆蟲有氣管，但是沒有肺，而是透過空氣的擴散和外界交換氣體（參見第四章第六節），因此氣管內沒有持續不斷的空氣流動，把嗅覺受

第五節　感受分子性質的嗅覺和味覺

體安排在氣管內效果不好，還不如伸出身體與空氣密切接觸的觸角和觸鬚。由於這個原因，昆蟲的嗅覺分子受體表達在觸角和下顎鬚（口器旁邊的一對觸鬚）上（圖 12-27）。它們上面長有突出表皮的毛狀物，內有淋巴液，感覺神經細胞的感覺纖毛就浸泡在淋巴液中。毛狀物的外皮上面有許多小孔，空氣中的味覺分子經過這些小孔進入感受器，溶解在淋巴液中，再被轉運至纖毛上的嗅覺感受器（olfactory receptor，OR）。

　　由於許多揮發性分子是憎水的，它們需要與一些蛋白質分子結合才能很好地溶於淋巴液中。這些蛋白質叫氣味分子結合蛋白（odorant binding protein，OBP）。OBP 是昆蟲嗅覺器官中表達最多的蛋白質，蚊子的 OBP 多於 100 種，說明這些結合氣味分子的蛋白質在嗅覺中發揮必不可少的作用。

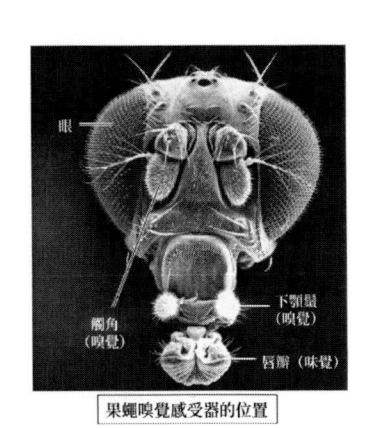

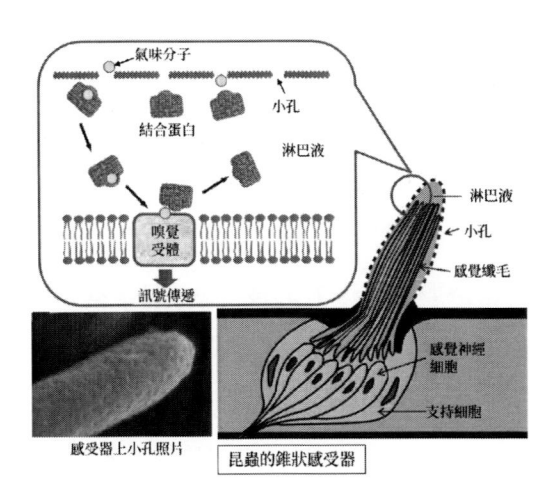

圖 12-27　昆蟲的嗅覺感受器

　　昆蟲的 OR 和昆蟲的 Gr 一樣，也是一種離子通道，它們的結構和胺基酸序列都彼此相似，說明它們有共同的祖先。果蠅約有 60 種 OR，螞蟻約有 350 種 OR，以便與不同的嗅覺分子結合。

從嗅覺神經細胞發出的軸突進入神經系統中的觸角葉，在那裡表達同種 OR 的神經細胞的軸突匯聚在小球狀的結構中，叫做嗅小球，這樣每個嗅小球只接收來自同種 OR 傳來的訊號。這些經過分類的訊號再透過二級神經細胞傳輸到昆蟲腦中，轉換成為嗅覺。

哺乳動物的嗅覺

與昆蟲的味覺和嗅覺分別使用 Gr 和 OR 離子通道不同，哺乳動物使用 GPCR 來接收味覺和嗅覺訊號。而且哺乳動物是有肺的，透過肌肉收縮進行主動呼吸，因此在呼吸道中有不間斷的空氣流，用鼻腔這個空氣剛進入呼吸系統的地方來感知空氣中的氣味分子，無疑是最合適的位置。

與昆蟲的感受器用淋巴液溶解揮發性分子類似，哺乳動物的嗅覺器官也分泌液體來溶解空氣中的揮發性分子，再讓它們與位於感覺神經上的嗅覺受體結合。液體裡面也含有 OBP，使空氣中的氣味分子溶解於這些液體中。

小鼠的鼻腔中有兩個感知氣味的地方，分別是位於鼻腔上方的嗅上皮和位於鼻腔下方的犁鼻器（圖 12-28 左）。感覺神經細胞上長出許多絨毛，上面有嗅覺受體。從嗅上皮發出的神經纖維進入鼻腔上面一個叫嗅球（OB）的結構，在那裡表達同種嗅覺受體的神經細胞發出的軸突匯聚在同一個嗅小球內，再由僧帽細胞將匯聚的訊號傳遞至大腦。從犁鼻器發出的神經纖維進入位於嗅球後方的副嗅球內，在那裡表達同種嗅覺受體的神經細胞發出的軸突也匯聚在同一嗅小球中，再由僧帽細胞傳至大腦。因此在嗅覺訊號的傳遞方式上，脊椎動物和昆蟲是一致的，都是表達同種嗅覺受體的神經細胞的軸突在嗅小球中匯聚，再將分類後的訊號

傳輸至腦。人的嗅覺器官與小鼠相似，但是不再使用犁鼻器（圖 12-28 右）。

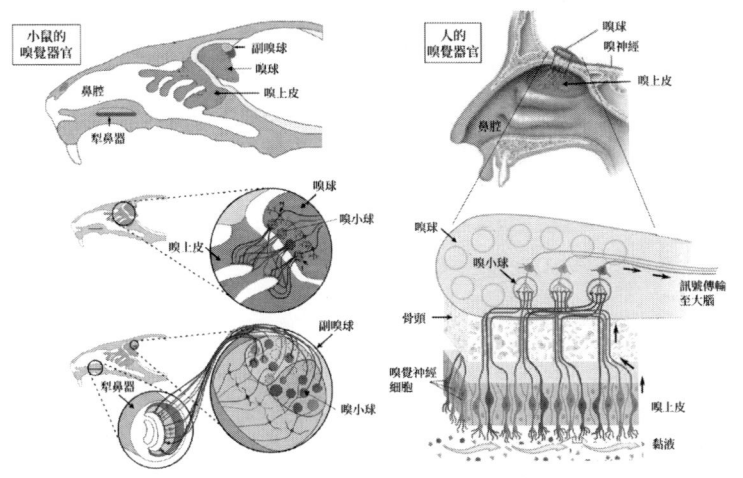

圖 12-28　哺乳動物的嗅覺器官

用嗅小球將表達同樣嗅覺受體的神經訊號集中，再傳輸至大腦，說明大腦用不同的區域解讀不同嗅覺受體帶來的感覺，凡是進入某個區域的神經訊號都會被解讀為那個區域所產生的特殊感覺。腦再將這些訊號綜合在一起，成為嗅覺。

第六節　感受傷害的痛覺

動物的觸覺是指透過體表與外界物質的直接接觸來感知外部世界的狀況，感受到的一般是非傷害性的刺激。除此以外，動物還需要有感知傷害性刺激的能力。

之所以動物需要這種能力，是因為比起植物，動物更承受不起身體的傷害。植物的構造相對簡單，身體也沒有固定的形狀，失去一根樹

第十二章　動物的感覺系統

枝，甚至攔腰折斷，都不會危及植物的生命。而動物的身體構造複雜，還有透過液體（血液、淋巴等）流動形成的循環系統，身體傷害會造成血液外流，危及生命。動物要運動，也需要身體構造完整平衡，斷肢通常會影響動物的生存能力。如果動物對身體傷害沒有感覺，就不會主動做出躲避傷害源的動作，就會持續受到傷害，最後危及生命。動物對傷害沒有感覺，也不會從傷害中學習，在以後的生活中主動避免同樣的傷害。為了讓動物感覺到傷害並且記住傷害，這種感覺必須足夠強烈，難以忍受，這就是動物的痛覺。痛覺讓動物做出激烈的反應，迅速離開傷害源（如火燒和電擊）。

各種傷害都歸結為痛

由於觸覺是動物感知世界的重要方式，所以觸覺不僅靈敏度高，即使輕微的觸碰也能感覺得到，而且分辨力也很高，這樣才能從觸摸中獲得外部世界盡可能多的資訊。但是對於能造成傷害的刺激來講，感覺的閾值應該比較高，要到組織傷害的程度才觸發感覺。如果日常生活中的接觸都會引起傷害感，那不僅是「謊報軍情」，而且會嚴重干擾正常生活。

動物做到這一點的方式就是不向傷害性刺激提供任何集中和放大外部刺激的物理結構，而只是用裸露的神經末梢上的感受器來直接感受傷害性的刺激。由於沒有放大結構，刺激只有達到相當強度，一般達到足以造成組織傷害的程度，這些感受器才被活化，這樣就避免了「謊報軍情」的問題。

與觸摸要分辨物體的各種性質不同，對於各種組織傷害來講，及時向身體發出警示，讓身體立即做出反應是最重要的，具體是什麼傷害倒

第六節　感受傷害的痛覺

不是那麼重要，身體也不必等到弄清楚刺激的性質再採取行動。無論是電擊、火燒還是刺傷，我們本能的反應都是立即縮回，而不必去想傷害是什麼性質，那樣反而會延緩我們逃離傷害的速度。各種傷害也都引起同樣的感覺，那就是痛：針刺刀割、火燒水燙、寒風冰霜、酸鹼腐蝕、電位改變（電擊），甚至辣椒入眼都會引起疼痛。這些刺激的性質彼此不同，但是後果都是組織傷害，我們的感覺也都是疼痛。痛就是告訴身體：有傷害了，馬上採取行動。這就夠了，因為反應只有一個，就是逃離傷害源。

但是要把性質完全不同的傷害性刺激都轉化成為痛覺，對接收器就有很高的要求。但在實際上，生物在演化過程中已經發展出了這樣的多功能訊號接收器，這就是在本章第二節中已經提到的 TRP 離子通道，它們在動物的觸覺、自體感覺和聽覺這些非傷害性的刺激中擔任感受機械力的受體，而且都需要特殊的結構來放大機械力。而在沒有放大結構的情況下，TRP 離子通道自身就是感受傷害性刺激的主要受體。

TRP 離子通道有 28 種左右，分為 7 個大類，分別是 TRPC、TRPV、TRPA、TRPM、TRPP、TRPML 和 TRPN。每個大類又有若干種，如小鼠和人類都有 6 種 TRPV，分別是 TRPV1、TRPV2、TRPV3、TRPV4、TRPV5 和 TRPV6。

動物實驗顯示，對於傷害性刺激感受最重要的是 TRPV1。TRPV1 可以感受強機械力刺激所造成的對細胞膜和受體分子的擾動（如擰和掐），可以被組織傷害時釋放出來的物質如氫離子所活化（pH 值低於 5.2 時），也能被攝氏 43 度以上的溫度活化。TRPV1 也對電位變化敏感，因此可以感受電擊。它還能被化學物質如辣椒素所活化，因此 TRPV1 是真正的多功能受體，可以把各種傷害性刺激綜合起來，產生痛覺（圖 12-29）。

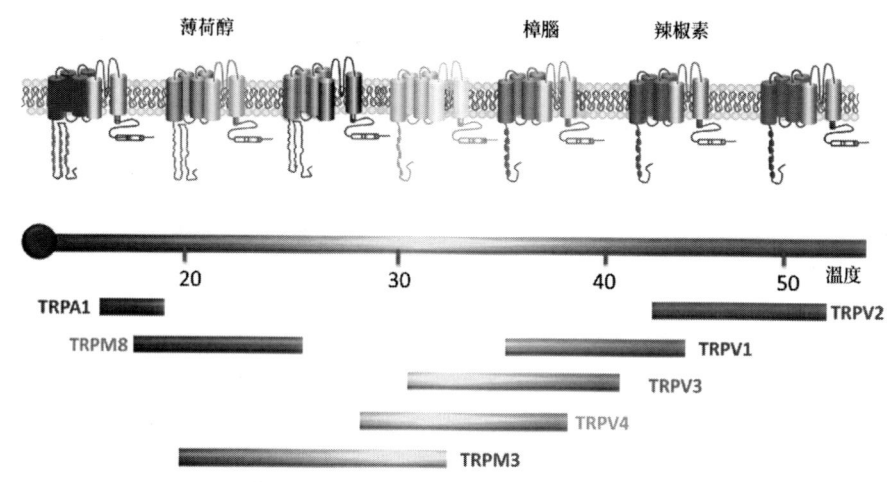

圖 12-29　各種 TRP 離子通道以及它們被活化的溫度的化合物

TRPV1 也不是感覺傷害性刺激的唯一離子通道。例如，溫度到攝氏 52 度時，TRPV2 被活化，向身體報告危險的高溫，讓動物及時躲避；而在溫度低於攝氏 26 度時，TRPM8 離子通道被活化，向身體報告涼的訊息；在溫度低於攝氏 17 度時，TRPA1 離子通道被活化，向身體報告冷的訊息；薄荷醇能結合 TRPA1 和 TRPM8 離子通道，活化它們，讓身體有冷涼的感覺，儘管實際溫度並沒有降低。

傳輸痛覺訊號的神經纖維

在感覺神經中，傳輸非傷害性機械刺激和傳輸傷害性刺激的神經纖維是彼此分開的。把感覺訊號從外周傳輸到中樞神經系統的神經纖維叫做傳入纖維，分為 Aα、Aβ、Aδ、C 四種，它們的粗細和結構不同，傳輸的訊號也不同（圖 12-30）。

第六節　感受傷害的痛覺

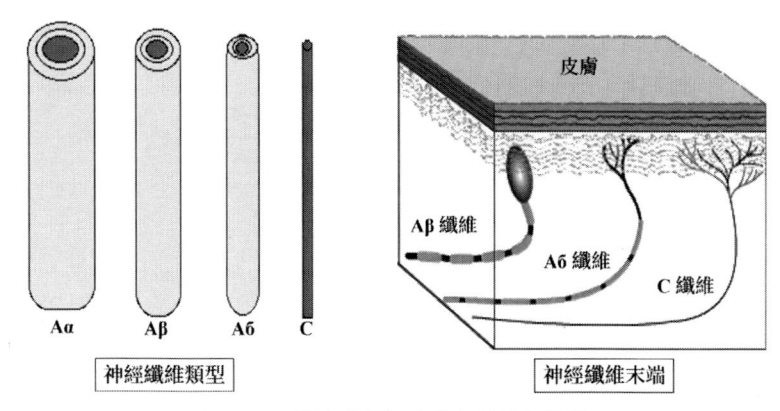

圖 12-30　傳輸感覺訊號的各種神經纖維

Aα 神經纖維最粗，直徑 13～20 微米，而且是有鞘纖維（參見第六章第四節），傳輸速度最快，能夠達到 80～120 公尺／秒，主要傳遞自體感覺（參見本章第四節）。Aα 神經纖維也可以是傳出神經纖維，傳輸從中樞神經系統到肌肉的訊號。這些訊號都和動物的運動平衡、捕食和逃跑有關，與動物生存的關係最大，所以用速度最快的神經纖維來傳遞這些訊號。

Aβ 神經纖維稍細，直徑 6～12 微米，也是有鞘纖維，傳輸速度 35～75 公尺／秒，主要傳輸觸覺訊號。所以 Aα 和 Aβ 神經纖維傳輸的都是非傷害性刺激的訊號。

傳輸痛覺（傷害性）訊號的是 Aδ 和 C 神經纖維。Aδ 纖維是 A 類神經纖維中最細的，直徑 1～5 微米，髓鞘也最薄，傳輸速度 5～35 公尺／秒。C 類神經纖維是所有神經纖維中最細的，直徑 0.2～1.5 微米，沒有髓鞘，傳輸速度最慢，為 0.5～2.0 公尺／秒。

Aδ 神經纖維和 C 神經纖維都在皮下分支，形成自由神經末梢。Aδ 神經纖維末端的分支聚集在皮下比較小的區域內，所以傳輸的痛覺訊號可以精確定位。而 C 纖維的分支分布比較瀰散，痛覺難以準確定位。由

第十二章　動物的感覺系統

於這兩種神經纖維在皮下的分布特點和傳輸訊號的速度不同，在皮膚受到傷害時，我們首先感覺到 Aδ 纖維傳輸的尖銳的、定位精確的痛感，然後才是 C 纖維傳來的瀰散的鈍痛。

痛覺訊號的接收和第一級放大

由於沒有放大結構，TRP 離子通道不像觸覺和聽覺感受器中的 TRP 通道那樣容易被活化，而是要受到強大的機械力、極端的溫度以及專門的化學物（如辣椒素）的作用才能被活化。這樣就保證了一般非傷害性的刺激不會產生痛覺。

由於閾值高，這些強刺激雖然可以活化 TRP 離子通道，使膜電位降低，但是還不足以觸發神經脈衝，而是還需要將訊號放大。但是訊號放大又不能在 TRP 離子通道接收訊號之前，因為那樣會把非傷害性刺激誤報為傷害性刺激，而是在接收到訊號的 TRP 離子通道被活化之後再放大。這種放大叫做第一級放大，主要是透過位於同一根神經纖維上的另一種離子通道來實現的（圖 12-31）。

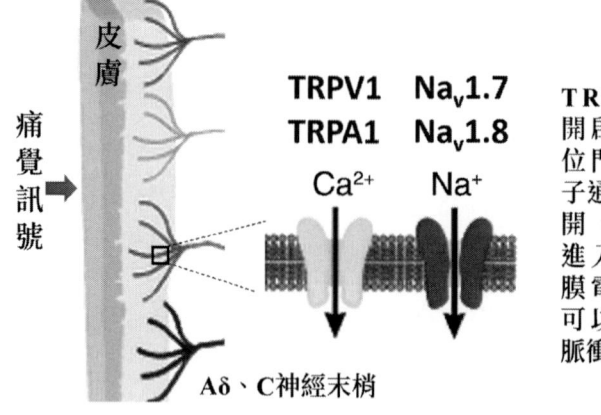

圖 12-31　痛覺訊號的接收和第一級放大

放大 TRP 通道效果的離子通道是膜電位門控的鈉離子通道，簡寫為 Nav，其中的 V 代表電位。它們感受到 TRP 離子通道活化所引起的跨膜電位的部分降低（未達到閾值），打開鈉離子通道，讓更多的鈉離子進入細胞，使膜電位的變化達到閾值，觸發動作電位（參見第六章第四節和圖 6-10）。

這樣的鈉離子通道分 1、2、3 型，每型又有多種亞型。人類有 9 種 1 型的這類通道，為 Nav1.1～Nav1.9，其中的 Nav1.7 和 Nav1.8 表達於傳遞傷害訊息的神經纖維中，放大 TRP 離子通道開啟時引起的膜電位降低，觸發神經脈衝。這兩種鈉離子通道在傳遞痛覺中的重要性可以從它們的突變效果上看出來，例如，在巴基斯坦北部就發現有 3 個彼此有血緣關係的家庭，裡面有些成員完全感覺不到疼痛，可以在燃燒的煤炭上行走，刀叉刺入肌體也不覺得疼，因為這些人身上為 Nav1.7 編碼的基因（*SCN9A*）發生了突變，使蛋白產物的功能喪失。麻醉劑 Lidocaine 有鎮痛作用，是因為它能抑制 Nav1.7 和 Nav1.8 的活性。

痛覺訊號的第二級放大

除了痛覺訊號的第一級放大，動物還進一步使痛覺訊號放大，使其強度更大，持續的時間更長，這就是痛覺訊號的第二級放大，它能強烈而且持續地提醒動物傷害的存在，不要去觸碰受傷的區域，讓其自然痊癒，同時也讓動物留下難忘的記憶，以後要盡量避免同樣傷害的發生。

痛覺訊號的第二級放大是透過傳輸傷害訊號的神經細胞之間的相互作用而實現的（圖 12-32）。這些感覺神經細胞輸出訊號的纖維（軸突）都聚集成束，彼此靠近，可以透過分泌的化學物質彼此影響。例如，活化的 C 纖維除了直接向中樞神經系統傳遞痛覺訊號外，還會分泌多種肽類

第十二章 動物的感覺系統

神經傳導物質，包括緩激肽、神經生長因子、P物質、降鈣素基因相關肽（calcitonin gene related peptide，CGRP）等。它們可以擴散到鄰近的神經纖維上，降低那裡 TRP 離子通道被活化的閾值，使它們更容易被激發。這樣，一條神經纖維被傷害性刺激活化後，又會使周圍的神經纖維更容易被活化，產生放大訊號的效果。

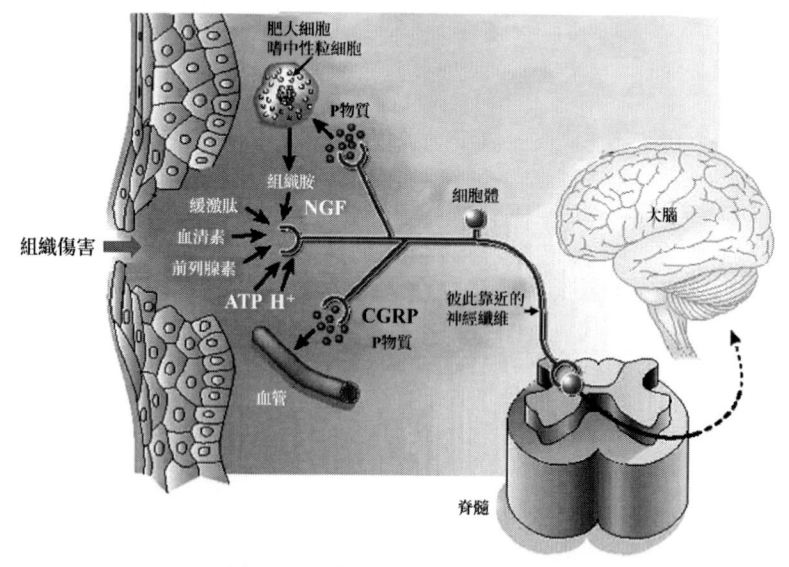

圖 12-32　痛覺訊號的第二級放大

組織傷害也會招募免疫細胞來到傷害處，如巨噬細胞、肥大細胞和嗜中性粒細胞。這些細胞能分泌多種引起炎症的物質如組織胺、血清素和前列腺素，在傷害處造成紅腫。這些變化加上上面說過的肽類神經傳導物質，不僅能降低 TRP 離子通道的閾值，還能活化平時處於休眠狀態的 TRP 離子通道，使非傷害性的訊號也能夠產生痛感，進一步放大痛覺效果。這種現象叫做痛覺過敏。

在日常生活中，我們也可以體會到痛覺訊號第二級放大的效果。例如，在紅腫處，輕微的觸摸和溫水也會使人感到疼痛。我們吃有辣味的

食物時，會對同一份有辣味的食物感到越來越辣，而且這時喝溫水都覺得燙，就是 TRP 離子通道的閾值降低和處於休眠狀態的 TRPV1 離子通道被第二級放大活化的緣故。透過第二級放大，平時的良性刺激如輕微觸摸、溫水等，也會變成痛覺訊號，但是這不是「謊報軍情」，因為傷害已經造成，這是用更大的聲音來報告已經有的「軍情」。

當然痛覺訊號也不是越強越好，因此除了對痛覺訊號的放大機制，我們身體裡面也有鎮痛物質，這就是內啡肽，它們是神經系統分泌的多肽類化學物質，在結合於它們的受體後，使傳輸傷害訊號的神經細胞超極化（增強膜電位），使其更不容易被激發，還抑制 P 物質和降鈣素基因相關肽的釋放，減少痛覺訊號的第二級放大，達到鎮痛效果。一些體外的物質如嗎啡，也是透過結合於這些內啡肽的受體而達到鎮痛效果的。由於嗎啡是鴉片的主要成分，其鎮痛效果的發現早於內啡肽，這些受體被稱為鴉片樣受體，這些體內的鎮痛多肽也被稱為內啡肽，意思是體內的嗎啡樣物質。

第七節　感受潛在傷害的癢覺

癢和痛類似，也是皮膚感受到的一種不愉快的感覺，提醒動物可能有傷害性的刺激。傳輸痛和癢的都是 Aδ 和 C 神經纖維，而且都透過脊髓—視丘通路傳遞至大腦的感覺中心。癢和痛一樣，沒有一種指標可以用來測定一個人是否感到癢，癢的程度如何，再加上在過去，科學家缺乏適當的工具和方法來研究癢感覺的發生和傳遞機制，所以在很長一段時期，癢被許多人認為是微痛，即癢和痛由同樣的神經纖維感受和傳遞，刺激強度大到一定程度就引起痛的感覺，沒有達到那個程度時，引起的感覺就是癢。

第十二章　動物的感覺系統

這種理論叫做強度理論。例如，抓撓引起的疼痛可以止癢，就可以解釋為什麼把刺激強度增大到疼痛的程度，癢的感覺就沒有了。

但是也有一些事實與這個想法不符，如痛可以來自皮膚，也可以來自肌肉、關節和內臟，而癢主要來自皮膚和靠近體表的黏膜（如鼻腔黏膜）。如果癢只是微痛，為什麼同樣能感受到痛的肌肉、關節、內臟卻不會癢呢？

把一些物質注射入皮膚，根據注入的深度不同，同樣的物質既可以引起癢，也可以引起痛。例如，把辣椒素或者組織胺注射進皮膚深層時會引起疼痛，而注入淺表層時卻引起癢。這些事實顯示，感覺痛和癢的神經末梢是不同的。

感覺癢的受體有許多種

能引起癢的因素很多，例如，蚊蟲叮咬可以引起癢；和一些植物接觸會感到癢；螞蟻爬過可以引起癢；用細纖維撓鼻孔也可以引起癢；皮膚感染（如各種癬）可以引起癢；皮膚病變（如溼疹、蕁麻疹、牛皮癬，皮膚乾燥）也可以引起癢；傷口癒合時會感到癢；膽道阻塞（膽汁流通不暢，會在血液中和皮膚中聚集膽酸）也會造成癢；治療瘧疾的氯喹會引起癢；鎮痛的嗎啡也會引起癢；淋巴瘤可以引起癢；黑色素瘤也可以引起癢。對於各式各樣的致癢因素，身體也有多種受體來感受這些刺激，引起癢的感覺。

組織胺受體

蕁麻疹致癢的化學物質主要是組織胺，是組成蛋白質的胺基酸組胺酸去掉羧基而形成的。在皮膚受到刺激時，肥大細胞會分泌組織胺，引起癢感。對抗組織胺作用的藥物能減輕癢的感覺，所以蕁麻疹引起的癢

可以用抗組織胺的藥物來治療。

皮膚中有 4 種組織胺的受體，分別是 H1R、H2R、H3R、H4R，它們都是 GPCR 家族的成員（參見第六章第三節），其中與組織胺的結合，產生癢訊號的主要是 H1R。

血清素受體

血清素又叫 5- 羥色胺（5-HT），可以在炎症反應中被釋放，也可以從與植物組織的接觸中獲得。注射血清素能在動物身上引起癢的感覺，這主要是透過它的第二型受體（5-HT2R）來實現的。5-HT2R 也是 GPCR 家族的成員。

內皮縮血管肽受體

皮膚的角化細胞和內皮細胞在一些情況下能分泌一種由 21 個胺基酸連成的多肽，叫內皮縮血管肽（ET-1），可以引起癢感。在慢性搔癢症的患者中，組織胺的作用較小，所以抗組織胺的藥物對慢性搔癢症的效果也不明顯。研究顯示，這些患者感覺神經纖維末梢表達有 ET-1 的受體 ETA 和 ETB。這兩個受體也是 GPCR。

膽酸受體

在膽管阻塞時，膽酸在皮膚內聚集也會使人發癢。膽酸能結合在神經末梢上的膽酸受體 M-BAR 上，這個受體也是 GPCR 家族的成員。

與 Mas 相關的 G 蛋白偶聯的受體

氯喹是治療瘧疾的特效藥，但是同時也在一些患者身上引起難以忍受的癢的感覺，而且抗組織胺藥對緩解癢感沒有效果。氯喹引起的

癢和一種叫 Mrgpr 的受體有關。Mrgpr 也是一種與 G 蛋白偶聯的受體（GPCR），Mrgpr 就是「與 Mas 相關的 GPCR」英文名的縮寫。Mrgpr 家族成員眾多，例如，小鼠就有約 24 個 *Mrpgr* 基因，主要分為 A、B、C 三大類，研究得比較多的是 *MrgprA3* 和 *MrgprC11*；人類約有 10 個 *Mrgpr* 基因，研究得比較多的是 *MrgprX* 系列的基因，如 *MrgprX1* 和 *MrgprX2*。實驗顯示，小鼠的 MrgprA3 與氯喹引起的搔癢有關，而氯喹又能與人的 MrgprX1 結合，說明人的 MrgprX1 是接收氯喹化學訊號，引起搔癢感覺的受體。

蛋白酶活化的受體

一種植物的種子能在人和動物身上引起劇烈搔癢，這就是刺毛黧豆，其致癢的主要物質是一種蛋白酶，叫黧豆蛋白酶，它的作用對象是一種特殊的 GPCR，叫蛋白酶活化的受體（PAR）。

PAR 受體的特殊之處是別的受體需要和配體分子結合才能被活化，而使 PAR 受體活化的配體就存在於 PAR 受體的分子之內。PAR 受體在細胞膜外有一個自由擺動的胺基端尾巴，在通常情況下，這個尾巴不會和受體的主要部分相互作用。但是如果有蛋白酶（如黧豆蛋白酶）把這個尾巴切掉一段，暴露出裡面的胺基酸序列，這段胺基酸序列就可以結合在受體自身上，作為配體使受體活化，所以是自帶配體的受體。

人有 4 種 PAR 受體，分別是 PAR1、PAR2、PAR3 和 PAR4，其中 PAR2 是主要引起癢感的受體。皮膚乾燥時，PAR2 受體的表達增加，使皮膚更容易被內源或者外源的蛋白酶刺激活化，產生癢感。

從以上的例子可以看出，癢訊號最初的接收多是透過 GPCR 來實現的，這和痛的感覺首先是透過 TRP 離子通道來感受的形成鮮明對比。

第七節 感受潛在傷害的癢覺

TRP 離子通道協同 GPCR 發出癢的訊號

雖然對各種致癢因素感受的受體多是 GPCR，但是僅靠這些受體還不夠，還需要 TRP 離子通道的幫助，才能讓神經細胞發出癢的訊號（圖 12-33）。

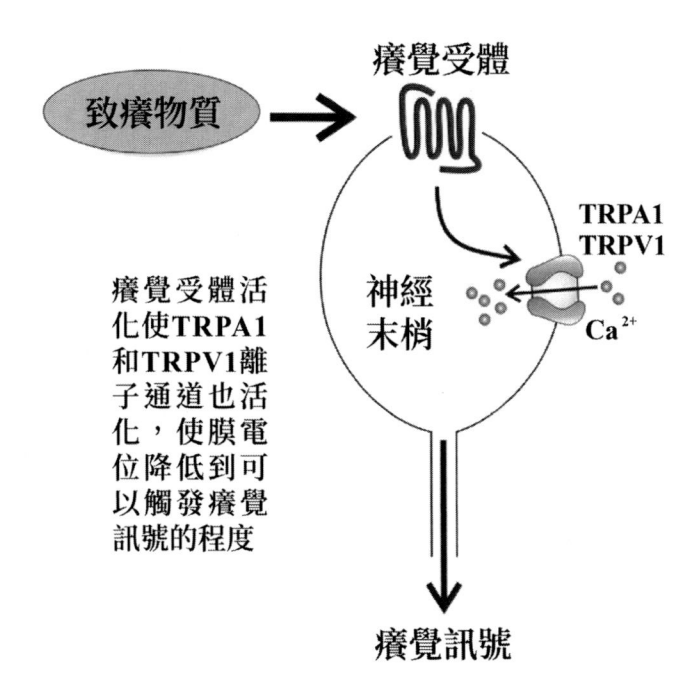

圖 12-33　癢訊號的接收和放大

例如，氯喹在小鼠身上引起的癢感是透過 MrgprA3 受體來實現的，但是 *TRPA1* 基因被敲除掉的小鼠卻對氯喹不敏感，說明 MrgprA3 受體還需要 TRPA1 受體的作用才能產生癢感。組織胺引起的癢感不僅需要組織胺受體 H1R，還需要 TRPV1 受體。*TRPV1* 基因被敲除的小鼠就對組織胺的致癢作用不敏感，說明組織胺受體也需要 TRPV1 受體的作用才能產生癢感。

第十二章　動物的感覺系統

　　從這裡可以看到 TRP 離子通道在痛和癢感覺中不同的作用。在痛的感覺中，TRP 離子通道特別是 TRPV1 和 TRPA1，是作為第一線的受體來感受傷害性的刺激的，電位門控的鈉離子通道是第二線的離子通道。而在癢的感受中，GPCR 是第一線的受體，這兩種 TRP 離子通道卻是第二線的離子通道。這個事實本身也說明，感受痛和癢的機制是不同的。

第十三章
動物的意識和智力

第十三章　動物的意識和智力

在第十二章中談到的視覺、觸覺、嗅覺、味覺、痛感、癢感等都是感覺，它們都是將訊號傳輸到神經系統後產生的，而與感覺同時誕生的就是意識。

第一節　感覺是最初的意識

所謂意識，就是有一個主觀的我去感覺身體內外的狀況，如看到東西、聽到聲音、聞到氣味、嘗到味道、感到觸摸和疼痛，閉著眼睛也知道自己身體的位置和姿勢等。人有感覺的狀態就是有意識的狀態，或者被叫做處於清醒狀態，而沒有感覺的狀態就是意識喪失的狀態，包括深度睡眠、昏迷、麻醉和死亡。

感覺來自生物獲得的資訊，但是資訊並不一定會產生感覺。所有的生物包括單細胞生物，都能獲知外界環境的變化並且做出反應，例如，細菌能向營養物質豐富的地方游動；草履蟲遇到障礙時會改變游泳方向；植物在受到昆蟲的啃食時會分泌揮發性的物質以驅除昆蟲；生物根據太陽光照射的晝夜節律，透過自己的生理時鐘調節生理活動等等。但是生物接收到的這些資訊並不引起主觀感覺，只能叫做獲知，反應也是程序性的。

動物獲得的資訊也不一定會產生感覺。例如，我們到光線強的地方時瞳孔會收縮；血中葡萄糖濃度高了會被胰臟的 β 細胞感知而分泌胰島素；血液中氧氣濃度低時，會被頸動脈體感覺到，向神經系統發出訊號，讓心跳和呼吸加快。這些獲得的資訊也不產生感覺，身體自己會去處理，無須我們主動採取行動。

既然如此，動物就把一切都交給程式去自動處理好了，為什麼還要

把一些資訊轉化為感覺，讓動物主觀上知道呢？這是因為無論是捕食還是逃跑，動物都需要迅速地採取行動，這就需要對各種資訊進行綜合處理，而程序性反應一般只對單一訊號做出反應，無法完成這樣的任務。如果資訊在傳輸到神經系統後能產生感覺，動物就可以用「我」的身分，主動地對各種資訊進行綜合分析，做出對動物最有利的決定。例如，兔子看見狼時，會立即逃跑，而且逃跑時還要綜合周圍環境中的資訊，決定向哪個方向逃跑。「我」就是對感覺傳來的各種資訊的總掌管者和分析師，這樣做出的反應就不再是程序性的，而是智慧型的。

如果動物能把感覺儲存起來，變成記憶，還能從過去的經驗中進行學習，更易於應對外部世界的變化。綜合分析過去和現在各種資訊的過程就是思考，思考能力的高低就是動物的智力，我們人類就是其中最高的代表。

動物能把資訊轉化為感覺的狀態，就是有意識的狀態，這在擁有神經系統的低等動物——線蟲中就已經出現了。

第二節　線蟲已經有感覺和意識

線蟲是非常簡單的兩側對稱動物，身體呈梭形、長約 1 公釐，成蟲只有 959 個細胞，其中 302 個為神經細胞，並且在頭部聚集為神經節。就是這樣簡單的動物，就已經有感覺了。

線蟲生活在土壤中，以細菌為食，能夠被細菌產生的化學物質所吸引，例如，細菌分泌到細胞外，用於感知細菌濃度的醯化高絲胺酸內脂（AHSL）就能吸引線蟲，因為 AHSL 濃度高的地方也往往意味著有高濃度的細菌。聯乙醯有強烈的奶油味，也是線蟲喜歡的味道。另外一些物

第十三章 動物的意識和智力

質如喹啉（對人是苦味）、二價銅離子（對生物有毒）、乙酸等，則能使線蟲有迴避反應。

雖然線蟲能為聯乙醯所吸引，但是如果給線蟲聯乙醯的同時也給牠會迴避的乙酸，多次這樣做以後，線蟲就會在沒有乙酸的情況下也迴避聯乙醯，說明線蟲學會了把聯乙醯和乙酸連繫起來，遇到聯乙醯就會預期到乙酸會出現，因而對聯乙醯加以迴避，即把原來吸引牠的東西變成牠要迴避的東西。同樣，如果把對線蟲有吸引力的 AHSL 和對線蟲有毒的細菌混在一起，以後線蟲就會避開 AHSL，即使已經沒有有毒的細菌存在。這是嚴格意義上的俄國生理、心理學家伊凡·巴夫洛夫（Ivan Pavlov）條件反射理論，或者叫做相關性學習，是典型的學習行為。

這些結果顯示，線蟲能區分牠所遇到的分子，分別做出趨向和迴避的身體反應。更重要的是，線蟲能進行相關性學習。如果原本有吸引力的分子和牠要迴避的分子之間有關聯（同時出現）的話，線蟲就會把原來有吸引力的分子變為要迴避的分子，而且能記住它。線蟲發展出這個機制，一定有其原因，最大的可能性是線蟲已經有了原始的感覺。有吸引力的分子帶來的是愉快，或者舒服的感覺，而要迴避的分子帶來的是不愉快或者不舒服的感覺。

在高等動物中，感覺舒服和神經傳導物質多巴胺有關，而情緒高低則和血清素有關，線蟲的神經細胞就分泌多巴胺和血清素，而且線蟲在遇到食物時體內的血清素濃度還會增高，其爬向食物的速度加快，說明食物也許能引起線蟲興奮的感覺。

線蟲有感覺的再一個證據是線蟲看來能感覺到痛。用雷射加熱線蟲的頭部，頭部會立即縮回。加熱正在爬行的線蟲的尾部，線蟲會加快爬行的速度，以盡快脫離雷射照射的區域。顯然雷射加熱帶給線蟲的是一

第二節　線蟲已經有感覺和意識

種不愉快的感覺。在脊椎動物中，痛覺主要是透過 TRPV 離子通道感受的，而鴉片樣受體與緩解疼痛有關（參見第十二章第六節）。線蟲既有 TRPV 離子通道，也有鴉片樣受體，這些事實也支持線蟲有痛覺的想法。

最能證明線蟲有感覺的證據是線蟲對毒品也有嗜好。如果用鹽（醋酸鈉或者氯化銨）的味道和古柯鹼或者安非他命來進行條件反射實驗，科學家發現與這些毒品相關的鹽都能使線蟲對鹽的味道產生趨向反應，即尋找有這些味道的地方，以獲得毒品。在哺乳動物中，毒品作用於神經系統中的回報系統，在沒有外界良性刺激（如食物與性）時直接產生愉悅的感覺，這種感覺是透過神經傳導物質多巴胺實現的。如果敲除線蟲合成多巴胺的基因，線蟲就不再對毒品感興趣。古柯鹼和安非他命並不是食品，沒有營養價值，線蟲喜好它們，最大的可能性是毒品在線蟲身上也能產生舒服的感覺。

有趣的是，線蟲像高等動物那樣，也會睡覺，特別是在飽食之後。在睡覺期間，線蟲停止活動，但是能被刺激迅速喚醒，重新進入活動狀態。線蟲睡前活動的時間越長，隨後睡眠的時間也會越長，而且如果在線蟲睡眠時透過刺激人為地讓牠醒來，以後這個線蟲就越來越難被喚醒。這些特徵都和高等動物的情形相似，說明線蟲也有清醒狀態和睡眠狀態。

不僅如此，線蟲還能被麻醉。一些能使高等動物麻醉、喪失意識的藥物，如氯仿和異氟烷，也能使線蟲停止活動，而除去麻醉劑後，線蟲又重新恢復活動。

所有這些事實都說明，線蟲很可能已經具有感覺，有進行活動的清醒狀態和睡眠狀態，在清醒狀態時能主動對外界刺激做出趨向或者迴避的反應，而且像高等動物那樣能被麻醉和對毒品上癮。由於有意識的狀

187

第十三章　動物的意識和智力

態就是能進行感覺的狀態,因此線蟲是有意識的。

僅有 302 個神經細胞的線蟲都能產生感覺和意識,這是動物演化過程中的一個重大發展。線蟲有了感覺,也就有了自我,因為是「我」去感覺,不是任何其他線蟲個體去感覺,也不能和其他線蟲個體分享。由此做出的反應也是為了感覺者自己的利益,而不是其他線蟲個體的利益。

線蟲感覺和意識的出現,其意義不亞於生命的形成。地球上的生物在演化過程中,有兩個意義重大的發展。一是從無生命的物質產生有生命的物質,二是從有生命但無感覺的物質產生有生命也有感覺的物質,從此地球上就有了有意識的生物,並且在此基礎上發展出智力。雖然人類具有高度發達的意識和智力,但是意識和智力所涉及的基本分子仍然和低等動物一脈相承,如感覺神經細胞釋放的神經傳導物質麩胺酸鹽、AMPA 型離子通道、TRPV 離子通道、多巴胺、血清素,甚至鴉片樣受體,在線蟲身上就已經出現了,人類只是繼續使用並且擴大其功能而已。

在線蟲這樣只有 302 個神經細胞的動物身上都能產生感覺和意識,也說明感覺和意識的產生並不如原來想像的那樣,需要大量的神經細胞和複雜的腦結構,而是在神經系統發展的初期就出現了。

把感覺儲存下來,形成記憶,也是形成自我的過程。在某種意義上,每個自我在內容上都是過去所有記憶的總和,是這些記憶把一個人與另一個人區別開來。同卵雙胞胎雖然有相同的 DNA 序列,但是他們的經歷所留下的記憶不同,使他們成為不同的人。

感覺也是思考的基礎。思考就是這個「我」對感覺到的資訊,包括儲存下來的資訊,進行分析比較,進而理解事物,並在此基礎上做出結論和決定的過程。凡是能被思考的資訊,都是透過感覺得到的,如我們看

見的事物、讀到的文字、聽到的話語等。無法被感覺到的資訊是不能被思考的，例如我們無法思考自己血糖的高低、血中二氧化碳的含量、自己的免疫系統如何工作。植物也因為只能獲得資訊而沒有感覺，談不上意識，也就不可能進行思考。

第三節　有情緒有個性的昆蟲

　　線蟲中意識的出現，使動物第一次對外界的刺激有了主觀的感覺。不僅如此，感覺還可以是舒服的還是不舒服的。舒服和不舒服的區分又會導致情緒，即帶有感情色彩的感覺。舒服的感覺會導致高興的情緒，鼓勵動物進一步去做與此相關的事情；難受的感覺則會導致憂鬱、悲傷甚至憤怒，對抗反應會更加努力和強烈，對動物的生存更加有利。在西元 1872 年，達爾文就在一篇題為〈人和動物情緒的表達〉的文章中說：「所有的動物都需要情緒，因為情緒增加動物生存的機會。」

　　情緒驅動的反應也是動物主動性和目的性行為的萌芽，而在程序性反應中，外界刺激是不被分類的，無論是有益的刺激還是有害的刺激，生物只是以固定的模式進行反應，不帶感情色彩。

　　在哺乳動物中，情緒是與神經傳導物質多巴胺和血清素密切相關的，而線蟲就已經有這兩種神經傳導物質，而且對能在哺乳動物中產生愉悅感的古柯鹼和安非他命有喜好的反應，說明線蟲可能已經具有情緒，這兩種化合物能使線蟲感到高興。不過線蟲的身體構造過於簡單，也不能發聲，我們不能用線蟲的肢體語言來確定線蟲是否具有情緒。而昆蟲遠比線蟲高等，不僅有複雜的身體結構，也可以有肢體語言，還能發出聲音，人們由此可以判斷昆蟲是具有情緒的動物。達爾文在〈人和

第十三章　動物的意識和智力

動物情緒的表達〉中就說，「即使是昆蟲也用牠們的鳴聲表達牠們的憤怒、恐懼、嫉妒和愛」。隨後的科學研究也證實了達爾文的結論。

昆蟲的憂鬱心態

哺乳動物受到驚嚇時會逃跑或者身體凝固不動，而果蠅也有類似的反應。如果有陰影連續通過果蠅的上方以模擬捕食者到來，正在進食的果蠅就會四散而逃。在這些陰影消失後，逃跑的果蠅也不會立即回到有食物的地方，而是要再躲避一段時間。陰影通過的時間越長，即恐嚇牠們的時間越長，果蠅在恢復進食前躲避的時間也越長。雖然陰影並不對果蠅造成實質性的傷害，果蠅的這種行為說明陰影確實能使果蠅處於被驚嚇的狀態，需要一段時間才能恢復正常心態，恢復進食。

高等動物在多次失敗後會產生沮喪情緒並放棄努力。為了證明昆蟲也有類似的表現，科學家把兩隻果蠅（A 和 B）分別放在兩個小室中，溫度為攝氏 24 度（果蠅感到舒服的溫度）。兩個小室都有加溫裝置，可以把溫度很快升到攝氏 37 度（果蠅感到不舒服，想要逃避的溫度）。當果蠅 A 停下來的時間超過 1 秒時，小室就會自動開始加熱。如果果蠅 A 感到熱而恢復行走，加熱就會自動停止。這樣經過多次訓練之後，果蠅 A 就學會用恢復行走的辦法來避免加熱。果蠅 B 也會在加熱時行走以逃避加熱，但是行走並不一定會停止加熱。這樣經過多次嘗試以後，果蠅 B 就會意識到無論自己怎麼做，都不會停止加熱，行動變得遲緩，甚至加熱時也不動，類似於高等動物嘗試多次失敗後的放棄行為，相當於是處於沮喪的狀態。

高等動物處於憂鬱狀態時對事物的看法比較悲觀，叫做認知偏差。認知偏差在動物中是一個普遍現象，在大鼠、狗、山羊、家雞、歐洲掠

第三節　有情緒有個性的昆蟲

鳥等動物身上都可以用實驗測定出來。人也一樣，對於半瓶水，樂觀的人認為「還有半瓶」，悲觀的人認為「半瓶已經沒有了」。為了證明昆蟲也有認知偏差，從而證明昆蟲也可以有悲觀的心理狀態，科學家猛烈搖晃裝有蜜蜂的容器，模擬蜂巢被偷蜂蜜的動物搗毀，然後再看蜜蜂判斷能力的變化，所用的方法還是對高等動物使用的中間差別法。

例如，在對大鼠的實驗中，2,000赫的音調預示著食物，按下一根槓桿就可以得到食物；而9,000赫的音調預示著電擊，按下另一根槓桿就可以避免電擊。在大鼠學會這兩種音調的意義之後，再讓它們聽3,000赫、5,000赫和7,000赫的聲音，結果情緒不佳的大鼠在聽到這些頻率的聲音時更多地按避免電擊的槓桿，說明牠們更容易把中間的音調解釋為處罰即將到來。類似的實驗也可以用到蜜蜂身上，蜜蜂在遇到蔗糖時會伸出口器，而遇到苦味的奎寧時會收回口器。如果把兩種有不同氣味的化合物辛酮和己酮按9：1和1：9混合，把9：1的混合物與蔗糖一起給蜜蜂，1：9的混合物與奎寧一起給蜜蜂，若干次訓練之後，蜜蜂就學會了只要遇到9：1的混合物就伸出口器，遇到1：9的混合物就收回口器。接著科學家再讓被搖晃過的蜜蜂與沒有被搖晃過的蜜蜂來判斷3：7、1：1、7：3比例的辛酮和己酮的混合物，發現被搖晃過的蜜蜂更多地把這些中間比例的混合物預期為奎寧而收回口器，說明被搖晃過的蜜蜂確實對預期要出現的事情更加悲觀，證實了蜜蜂也會有悲觀情緒。

昆蟲的侵略性和攻擊性

在哺乳動物中，侵略性和腦中的血清素水平密切相關。猴王的血清素水平一般是猴群中最高的，也最具有侵略性。昆蟲之間也會因為爭奪食物和配偶，以及爭奪群體中的頭號位置而相互打鬥，表現出侵略性。

第十三章　動物的意識和智力

例如，雄果蠅會因爭奪與雌果蠅的交配權而與其他的雄果蠅打鬥（圖 13-1）。雄果蠅先是豎起翅膀進行威嚇，然後衝上前去衝撞、揪住對方和拳打足踢，這種行為與一種叫章魚胺的化學物質有關。章魚胺在分子結構上類似高等動物的腎上腺素，缺乏章魚胺的果蠅侵略性降低，而在這種果蠅中用基因改造的方法表達章魚胺，又可以增加果蠅的好鬥性。

圖 13-1　果蠅之間的打鬥

昆蟲的侵略性也說明昆蟲具有「自我」意識，既然要當老大，當然首先要有「我」的概念。

昆蟲的個性

不同的人具有不同的行事行為，即個性，這是由生殖細胞形成時的基因洗牌（參見第八章第三節）造成的後代個體中基因組合情形不同而產生的。昆蟲進行有性生殖時，也要進行基因洗牌，因此後代雖然具有同樣的基因，但是不同個體之間基因類型的組合情形不同，也會使昆蟲具有個性。科學實驗也證實了這個推斷，在同種昆蟲中，確實有些個體侵

192

第三節　有情緒有個性的昆蟲

略性比較強，不太怕危險，而有些個體比較膽小，不太冒險。

德國科學家比較了小紅蟻當中在三種不同位置（在外尋食的、在門口守衛的與在窩內照顧蟻王和幼蟻的）的工蟻，在 21 天中觀察牠們的位置 10 次，發現牠們總是待在原本的位置，而不換到別的位置。即使移除某個位置的螞蟻，原本待在其他位置的螞蟻也不會改換牠們的位置來補充。研究發現，小紅蟻的位置和任務與牠們的個性密切相關。在外尋食的工蟻最活躍，不懼光線，卵巢最短，外皮中正烷烴的濃度最高（利於防水），而待在窩內照顧蟻王和幼蟻的工蟻則活動較少，躲避光線，卵巢最長，外皮中正烷烴的濃度最低。在門口擔任守衛的工蟻則位於二者之間。

與昆蟲同屬節肢動物的蜘蛛也有個性（圖 13-2）。例如，群居的櫛足蛛中的不同個體，雖然看上去沒有任何差別，但是其中有膽大、攻擊性強的蜘蛛，也有比較溫順、活動較少的蜘蛛。前者負責殺死被捕獲的動物和擊退入侵者，而後者負責修補蛛網和照顧幼蛛。在這種群體中，兩種不同個性的蜘蛛要有一定的比例，才能比較利於生存。

群居的櫛足蛛

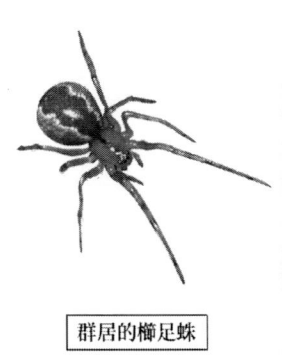

圖 13-2　群居的櫛足蛛

昆蟲的情緒、攻擊性和個性都說明昆蟲具有自我意識。由於這些表現都需要精神活動，昆蟲可能已經具有智力。

第十三章　動物的意識和智力

第四節　昆蟲的智力

昆蟲已經有腦，擁有數以萬計的神經細胞。這些神經細胞不僅可以產生感覺和情緒，而且可以產生智力。

螞蟻是社會性動物，與同窩的成員有密切的相互接觸，也發展出了可以看成是智力的舉動。例如，切胸蟻（一種棕色螞蟻）能夠根據面積、開口處寬窄，以及光照情況來區分高品質的新窩和低品質的新窩（圖 13-3）。有經驗的螞蟻會讓沒有經驗的螞蟻跟著牠走，或者去新窩，或者從新窩返回老窩。領頭的螞蟻發現跟隨的螞蟻跟丟了時，會停下來等待，然後繼續領著後面的螞蟻往前走。如果是去高品質的新窩時後面的螞蟻跟丟，領頭的螞蟻會等待比較長的時間，以盡可能地讓後面的螞蟻跟上，說明領頭螞蟻比較在乎把後面的螞蟻帶到高品質的新窩。但是如果是去低品質的新窩，領頭螞蟻等待的時間就比較短，說明領頭的螞蟻對後面的螞蟻跟丟不是那麼在乎。

圖 13-3　有經驗的切胸蟻帶領沒有經驗的螞蟻

螞蟻的這種行為說明螞蟻有一定的判斷力（新窩的品質），而且能在對新窩品質判斷的基礎上決定自己的行為，在等待時間上做決定。在

第四節　昆蟲的智力

不同的情況下等待的時間也相應不同，說明螞蟻的行為具有明確的目的性。在不同做法中按照分析的結果做出選擇，以得到最好的結果，就是智力的表現，這說明螞蟻已經具有智力。

另一種螞蟻非洲箭蟻，表現出營救同伴的行為（圖 13-4 左）。如果把一隻箭蟻用尼龍絲拴住，部分埋在沙下，只露出頭部和胸部，尼龍絲也看不見，同窩的箭蟻發現後，會試圖營救。先是拖被困螞蟻的腿，不成功後開始清除埋在受困螞蟻身上的沙子，再繼續拖。如果再不成功，營救螞蟻會繼續清除餘下的埋住受困螞蟻的沙子，直到拴住螞蟻的尼龍絲露出來。這時營救螞蟻會試圖咬斷尼龍絲，以釋放被拴的同伴，但是不會去咬旁邊沒有拴住同伴的尼龍絲。

圖 13-4　非洲箭蟻和大鼠營救同伴

如果被同樣處理（被尼龍絲拴住並且部分埋住）的還有同種但是不同窩的螞蟻，或者不同種的螞蟻，上述的營救螞蟻都會置之不理，不採取營救行動。

箭蟻的這種行為明顯包含某種程度的智力：營救螞蟻能夠對同窩螞蟻施以援手，但是對不同窩或不同種的螞蟻不去施救，是有目的性的行為，而且帶有感情性質。除去埋住同伴的沙子、咬尼龍絲，都是為了解救同伴。螞蟻以前並沒有見過尼龍絲，但是會去咬拴住螞蟻的尼龍絲，

第十三章　動物的意識和智力

而不去咬旁邊的其他尼龍絲，說明營救螞蟻懂得是拴住螞蟻的尼龍絲使螞蟻受困。而且營救時只拖受困螞蟻的腿，而從不拖容易損壞的觸鬚，說明螞蟻知道身體的哪些地方是比較結實的，可以拖，哪些地方是脆弱的，不能拖。這些行為用簡單眼射的機制是無法解釋的，而必須要有一定程度的思考。

箭蟻的這種營救行為，與大鼠的營救行為非常相似。如果把一隻大鼠限制在非常狹窄的容器內，同種的大鼠會試著打開容器的門，把同伴釋放出來（圖 13-4 右）。如果被關的是不同種的大鼠，則營救行動不會發生。但是如果兩隻不同種的大鼠在一起相處了相當長的時間，成為同伴，如果其中一隻大鼠受困，另一隻大鼠也會去營救。這說明在營救行動中，感情因素是很重要的。大鼠是哺乳動物，是明顯具有感情的，箭蟻幾乎完全相同的營救行為說明螞蟻也許也有感情。雌雄昆蟲之間透過費洛蒙彼此吸引並進行交配，很可能不僅有感覺，而且還是有感情的行為。雄性果蠅為了爭奪交配權而互相打鬥，也是有敵對情緒的行為。

以上的例子說明，昆蟲是有感覺、有意識、有情緒也有智力的動物，這些過去被認為只有人類才具有的功能，在動物演化的早期就已經發展出來了。對於絕大多數動物來講，只有智力高低的問題，沒有有無的問題。

第五節　章魚的智力

章魚是軟體動物中的一種。我們常見的蝸牛、田螺、蚌類、烏賊等都是軟體動物。牠們沒有脊柱，屬於無脊椎動物。然而章魚的神經系統卻含有約 5 億個神經細胞，遠超果蠅的大約 13 萬個神經細胞，具有發達的智力。

第五節　章魚的智力

　　章魚能學習和記憶，例如，讓章魚接觸兩個質地不同的球，章魚在觸碰到其中一個球時被它電擊，這隻章魚就能學會躲避這個球，只接觸另一個球。不僅如此，章魚還能從觀察中學習，即不透過自己的親身體驗來獲取知識。例如，讓一隻沒有受過訓練的章魚觀察受過訓練的章魚從兩個球中選擇其中的一個，觀察者很快就學會了選擇受過訓練的章魚選擇的球，比從頭訓練這隻章魚需要的時間短得多。

　　章魚有發達的辨識能力，不僅能分辨平放和豎放的長方形，而且能分辨不同的章魚。章魚也能辨識人，而且有愛憎。美國新罕布夏州的新英格蘭水族館中一隻叫楚門（Truman）的雄章魚就不喜歡曾經飼養過牠的一位女志工，見到她就會向她噴水。這位女志工隨後辭職，但是即使她幾個月後再回來，楚門仍然向她噴水。但是另一隻叫雅典娜（Athena）的雌章魚喜歡一位作家，見到他就會伸出觸手輕撫作家的手，並且翻過身來讓作家撫摸。貓和狗對於牠們信任的人會翻過身來，露出易受攻擊的腹部。章魚也有類似的翻身動作，說明章魚會信任某個特定的人。

　　章魚會在晚上無人時溜出自己的飼養缸，進到飼養螃蟹的缸裡吃螃蟹，然後又溜回自己的缸內。章魚也會爬進漁船內，打開儲存魚蟹的船艙，偷吃裡面的食物。章魚甚至能旋開瓶子上帶螺旋口的蓋子，獲得裡面的食物。實驗者把食物放進一個小盒子裡，又將小盒子放進一個中盒子裡，再放進一個大盒子裡，每個盒子都有不同的開法，而章魚很快就能學會開三個盒子，取得食物。

　　章魚的智力也可以從工具的使用上看出來。早期的章魚與蝸牛和鸚鵡螺一樣，是有外殼的，但是後來為了更敏捷地運動和捕食，外殼逐漸消失。運動性是獲得了，但是這樣的章魚也缺乏保護。章魚為了保護自己，會利用空的海螺殼。隨著人類加工椰子並把椰子殼扔到海裡，章魚

第十三章　動物的意識和智力

也學會了利用半邊椰子殼來做鎧甲。身上身下各半片,把自己包圍起來(圖 13-5 左)。它在移動時,還會帶著椰子殼走(圖 13-5 右)。這時半邊椰子殼的凹面向上,形狀像一口鍋,章魚會坐在「鍋」裡,只靠少數腕足伸直向下,像踩高蹺那樣行走,說明章魚知道這些椰子殼的用處而把它作為工具攜帶和使用。

章魚不捕食時,會找地方隱藏起來睡覺。牠會在睡覺前搬來一些石頭,排列在藏身處前面,然後再睡覺,說明章魚在搬動這些石頭時明白這些石頭是用來保護睡覺中的自己的。

章魚還會玩耍。例如,給牠們塑膠玩具,牠們會用自己噴出的水流把玩具沖到漩渦中,然後再去抓獲,這樣反覆多次。這些物體並不是食物,這些動作除了消耗體力外,也沒有任何具體的好處。懂得玩的動物是有比較發達的智力的,章魚的這種行為說明章魚的心思已經達到哺乳動物的水準。

圖 13-5　章魚用椰子殼做窩(左)和用「踩高蹺」的方式搬運椰子殼(右)

第六節　鳥類的智力

　　鳥類是脊椎動物，是從爬行類的恐龍演變而來的，是動物演化過程中比較高等的動物。比起哺乳動物幾十克重甚至幾公斤重的腦，多數鳥類的腦只有幾克甚至更少，這麼小的腦似乎不足以支持發達的智力活動，但是近年來的一系列科學實驗證明，一些鳥類特別是鴉類，具有相當高的智力，可以與哺乳動物中的黑猩猩媲美。

能夠製造和使用工具的白嘴鴉

　　工具是人身體的延伸，可以更有效地完成各種任務。人類幾千年前就學會用刀砍柴切肉、用錘子敲開堅果、用鋤頭挖地、用弓箭長矛捕獵、用車運輸等。工具的製造和使用需要計畫和工藝，曾經被認為是區分人類和動物的象徵之一。但是隨著科學研究的廣泛深入，科學家發現許多動物也能使用工具，甚至自己製造工具，包括鳥類。

　　白嘴鴉屬於鴉類，比烏鴉體型小，生活在歐洲和亞洲的一些地方，因為其喙靠近眼睛的部分是灰白色的而被稱為白嘴鴉，牠們就具有使用和製造工具的能力。

　　例如，把食物放在易碎的透明盒子中，白嘴鴉會啄碎盒子的上蓋，取出食物。如果在盒子上面放一根空管，管子上端連在一個盤子上，盤上有開口通管子，盤上面放一些石頭，白嘴鴉偶然把石頭推入空管內，石頭落下敲碎盒子，露出食物。從這個經驗，白嘴鴉下一次就會立即把盤子上的石頭推入管中，獲得食物。如果管子的上端不再連有盤子，而是在盒子旁邊放一些石頭，白嘴鴉也會銜起石頭，丟入管中（圖13-6左上）。

第十三章　動物的意識和智力

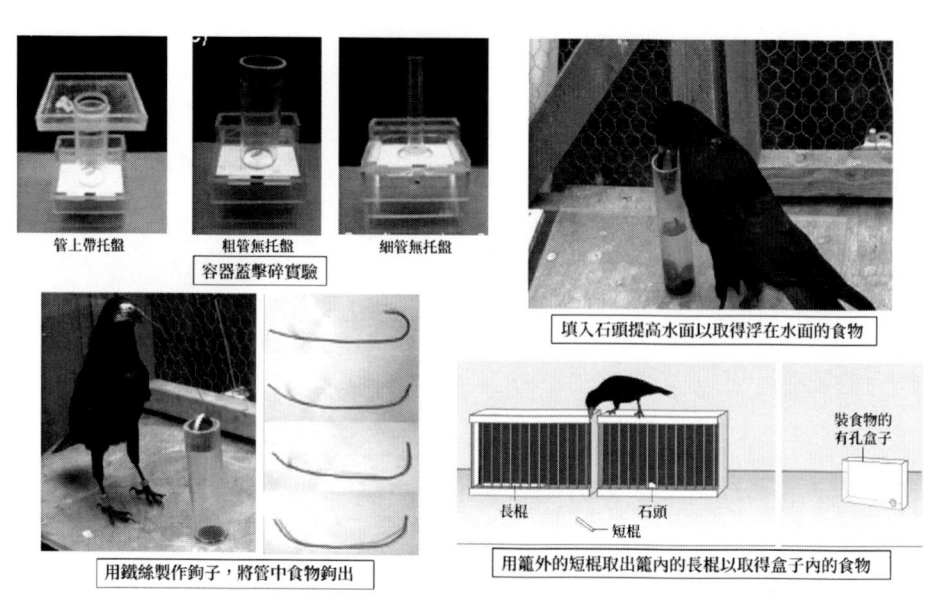

圖 13-6　白嘴鴉的智力

如果在盒子旁邊放上不同大小的石頭，白嘴鴉會挑選其中最大的，好像知道大的石頭砸碎盒子的可能性更大。如果縮小管子的口徑，使最大的石頭放不進去，白嘴鴉會自動選擇小一些、能放入管子的石頭，而不會先去試最大的石頭。如果把大的石頭變成長條形，儘管質量沒有減少，但是能被放進管子，白嘴鴉又會去選擇這樣的大石頭，而且能調整石頭的方向，將其放入管子內。這說明牠們的眼睛能評估物體的尺寸。

如果進行實驗的屋子裡面沒有石頭，而是把石頭放在室外，牠們會到室外去獲得石頭，而且是能放進管子的石頭，說明牠們知道石頭的用途，而且記得管子的尺寸，按照這個尺寸來選室外的石頭。

如果用棍子來代替石頭，白嘴鴉發現棍子比較重時，會把棍子像石頭那樣投入管子中，讓棍子敲碎盒子。如果牠們發現棍子比較輕而長，它們會把棍子插入管子，同時叼住棍子往下使力，把盒子壓破。

第六節　鳥類的智力

　　如果用樹枝來代替棍子，但是樹枝上有側枝，放不進管子，白嘴鴉會把側枝啄掉，而且是從側枝的根部啄斷，以盡量減少側枝的影響。

　　如果同時給白嘴鴉一根可用的長棍和一塊放不進管子的石頭，或者一根短的、不夠砸碎盒子的棍子和一塊能放進管子的石頭，白嘴鴉會立即選擇能發揮作用的棍子或者石頭，而不是隨機地去試，說明牠們懂得什麼樣的工具能達到目的。

　　使人印象深刻的還有白嘴鴉製造工具的能力（圖13-6左下）。如果把食物放在一個小籃子裡面，小籃子又被放在一根透明的管子中，白嘴鴉的喙搆不到，牠會把給牠的金屬絲彎成鉤子，伸到管子中把裝食物的籃子鉤上來。這已經是一種需要計劃的行動，而且需要對工具的工作原理有一定程度的理解。

　　當食物漂浮在管中的水面上，白嘴鴉的喙搆不到時，牠會往管子內投石頭以抬高水面，使牠能搆到食物。如果有大小不同的石頭供選擇，牠會首先使用大的石頭，好像懂得大的石頭能更快地提高水面（圖13-6右上）。

　　對鳥類智力更嚴酷的考驗是用另一種工具來獲得能達到目的的工具，即用工具來獲得工具，需要的智力更高，因為另一種工具和目的並沒有直接的關聯。例如，食物被放在有孔的盒子裡，要長的棍子才能把食物取出來，但是盒子外只有短棍。在1.5公尺外有兩個籠子，分別放有長棍和石頭。這時白嘴鴉會用短棍去取出長棍，再用長棍去取盒子裡面的食物（圖13-6右下）。

201

第十三章　動物的意識和智力

鳥類埋藏食物時的心思

　　鴉類會把食物埋藏起來，以備冬天食物缺乏時食用。例如，生活在美國西部高海拔地方的克拉克灰鳥能在廣大的地域裡埋藏多達 3 萬個松子，而且在埋藏 6 個月後取用這些食物。牠們是如何記住這些埋藏地點的，是一個有趣的問題。一種方法是記住每個埋藏點的圖像，證據是灰鳥在取食物時，身體的方向總是和埋藏食物時一致，而不管牠們是從什麼方向接近食物埋藏點，因為只有身體方向前後一致才能把以前的圖像和現在的圖像進行比較。另一種方法是記住地標。如果在人工建造的埋藏地左右兩邊都豎起特徵性的地標，在灰鳥埋藏食物後把右邊的地標往後移動 20 公分，而左邊的地標位置不變。灰鳥在取回左邊的埋藏食物時不會有問題，但是在取回埋在右邊的食物時就會發生偏差，大約離食物的位置右偏 20 公分。

　　如果鳥類的這種能力是基於圖像記憶，不一定需要多少智力，那麼下面的事實就不是記憶可以解釋的了。埋藏的食物中有的很穩定，不易腐敗，如花生，而有些食物很容易腐敗，如麵包蟲。灌叢鳥（也是鴉類中的一種）在獲取食物時，會先取食容易腐敗的食物，而把不容易腐敗的食物留到以後，說明牠們能理解食物易腐性的差別。

　　灌叢鳥也會偷其他灌叢鳥埋藏的食物。如果一隻灌叢鳥發現自己在埋食物時被其他灌叢鳥看到，牠會隨後把埋藏的食物取出來，埋到新的地方，而且會首先選擇距離其他灌叢鳥較遠、位置隱蔽的地方（圖 13-7）。如果有明亮的地方和黑暗的地方供選擇，牠們會首先選擇黑暗的地方，然後再使用有光照的地方。在獲取食物時也是先取出光亮處的食物和離其他灌叢鳥比較近的食物。這些行為說明灌叢鳥能知道其他灌叢鳥是不是在看牠埋藏食物，即從眼神中發現其他灌叢鳥關注的對象，牠們

第六節　鳥類的智力

也能從人的眼光中知道人在看什麼東西。有趣的是，偷過別的鳥的食物的灌叢鳥更多地採取防範措施，而沒有偷過食物的灌叢鳥就很少採取這樣的措施，說明灌叢鳥能從自身的行為中知道什麼是偷，因為自己就有這樣的心思，繼而推斷別的灌叢鳥也會有這樣的心思。這是鳥類能了解其他鳥類個體心理活動的證據。

圖 13-7　灌叢鳥埋藏食物

識數的烏鴉

　　數目是從實際的物體中抽象出來的，而不管這些物體究竟是什麼。例如，5 把鑰匙和 5 個球的共同性都是「5 個」，這些物體的大小、顏色、質地等都不在考慮之列。數目之間還可以進行加、減、乘、除等運算，完全不管這些數字代表的是什麼。擁有數目的概念說明動物已經有了抽象思考的能力。科學實驗顯示，鴉類已經具備這種能力。

　　例如，科學家給渡鴉（廣泛分布於北半球的一種烏鴉）看一張上面有幾個點的卡片，同時給渡鴉兩個盒子，上面標有幾個黑點，其中一個盒子的黑點數與卡片上的黑點數相同，另一個盒子上的黑點數與卡片上的點數差一個（多一個或者少一個）。只有打開黑點數與卡片上的點數相同的盒子，才能得到食物。渡鴉很快就學會了選擇正確的盒子，說明渡鴉

第十三章　動物的意識和智力

有比較數目的能力。

為了證明渡鴉辨識的是數，而不是量，科學家用同樣大小的膠泥做成不同數量的小球，這樣一來，這些球的整體膠泥量是相同的，但是小球的數不同。渡鴉很快就能選擇正確的數，說明渡鴉認識的確實是數。

為了測試渡鴉是不是能記住順序出現的數目，科學家先訓練渡鴉吃完 5 塊食物後就會得到更大的獎賞，然後把渡鴉放到一系列盒子面前，每個盒子裡面的食物數量不同，例如，第一個盒子裡面有一塊，第二個盒子裡面有兩塊，第三個盒子裡面有一塊，第四個盒子是空的，第五個盒子裡面有一塊等等。前 5 個盒子裡面食物的數量可以隨機變化。在多數情況下，渡鴉在吃夠 5 塊食物後，就不會再去開後面的盒子，說明渡鴉具有記住每個盒子中食物的數量，並且將它們加在一起的能力。在數目不超過 6 時，渡鴉的反應都比較準確，但是當數目超過 6 時，渡鴉的反應就不再準確，說明渡鴉辨識數的能力不超過 6。

鳥類的智力明星 —— Alex

鳥類智力最令人印象深刻的，是一隻叫亞歷克斯（Alex）的非洲灰鸚鵡（圖 13-8）。

亞歷克斯表現出非凡的認知和學習能力。牠能辨別 70 種左右的物體，分辨 7 種顏色和 5 種形狀，知道超過 100 個單字，並且能創造性地使用它們。牠還懂得形狀、材料，能夠數到 6（與渡鴉相同），也懂得「大些」、「小些」、「相同」、「不同」、「沒有」、「在上面」、「在下面」的意義。牠能表達「想要」（I wanna）、「拒絕」（no），牠的智力可與海豚和大猩猩媲美，相當於人類 5 歲兒童的程度。

第六節　鳥類的智力

非洲鸚鵡亞歷克斯

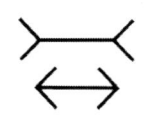

繆萊二氏錯覺
上面中間的直線似乎
比下面中間的直線長

圖 13-8　鳥類的智力明星 —— 亞歷克斯

例如，給亞歷克斯看三把鑰匙和兩塊軟木，問牠一共多少物品時，牠會回答 5，儘管鑰匙和軟木形狀和材料完全不同。即使用不同大小、不同顏色的鑰匙和軟木，牠的回答仍然是 5，說明牠能把數抽象出來，而不管物體的具體性質。但是當給牠看 1 支橙色的粉筆、5 支紫色的粉筆、2 塊橙色的木塊、4 塊紫色的木塊，問牠「有多少紫色的木塊？」牠會回答 4，說明牠能區分橙色和紫色、木塊和粉筆。

給亞歷克斯看紅色三角形的木頭和綠色三角形的牛皮，問牠「有什麼不同？」時，它會回答「材料」（material，這個詞發音有點難，亞歷克斯的發音是 Mah-Mah）。給牠看一個四方形的木塊，牠會說「角」（corner，指四方形的角），問「有多少個角？」時，牠會回答 4（four）。

牠還會創造性地使用語言，例如，向牠噴水時，牠會說「淋浴」（shower），牠把牠不熟悉的蘋果叫 banerry，是牠熟悉的兩種水果香蕉（banana）和櫻桃（cherry）單字的結合。

當給牠看兩個相同的物品，問牠「有什麼不同？」時，牠會回答「沒有」（none），說明牠有 0 的概念。

第十三章　動物的意識和智力

　　亞歷克斯也是有脾氣的。當牠對實驗厭煩了時，牠會說「想回籠子」(Wanna go back)。當牠要香蕉而訓練員故意給牠堅果時，牠會顯出不高興的樣子，把堅果扔回訓練員，同時重複原本對香蕉的要求。但是當牠看見訓練員顯出生氣的樣子時，牠又會說「抱歉」(I am sorry)。

　　亞歷克斯甚至能獲得與人一樣的視覺幻覺。例如，著名的繆萊二氏錯覺，即兩根同樣長的直線，在兩端加上箭頭線，如果箭頭線是指向外的，中間的直線看上去就比箭頭線指向內（像一個箭頭）時中間的直線長（圖 13-8 下）。亞歷克斯也報告說兩根直線不一樣長。但是如果箭頭線是與中間的直線垂直時，亞歷克斯就報告說沒有差別，說明亞歷克斯看圖像的方式與人類相似。

喜鵲能認識鏡子裡面的自己

　　對動物智力的一種測試是鏡子測試法，能認識鏡子裡面自己的影像的動物被認為具有比較高的智力。在動物身上加上平時自己看不見、只有在鏡子中才能看見的標記，例如，在鳥喙下面貼上有顏色的貼紙，或者在哺乳動物的額頭上或眼睛下面用顏料畫出點或者叉，如果動物在鏡子裡面看見這些標記而試圖在自己身上除去這些標記，就說明這些動物能理解鏡子裡面的動物就是自己。到目前為止，只有少數動物能通過這個測試，包括黑猩猩、非洲倭猩猩、長臂猿、大猩猩、非洲象、寬吻海豚、虎鯨。所有這些都是哺乳動物，唯一能通過鏡子測試的鳥類是鴉科的喜鵲，牠能意識到自己喙下方的顏色貼紙是在自己身上而試圖除去它（圖 13-9）。

圖 13-9　喜鵲知道鏡子裡面的動物是自己

鴉類的腦只有大約 8 克重，是人腦（約 1,350 克）的 1／169，是黑猩猩和海豚的腦的幾十分之一，但卻擁有與黑猩猩和海豚類似的智力，是令人驚異的。這說明智力的發展並不如原來想像的那樣，需要靈長類那樣大體積的腦。鳥類腦的結構也和哺乳動物的不同。鳥類的智力與其大腦皮質有關，哺乳動物的智力和腦的新皮質有關，而章魚的智力和垂直腦葉有關。這些事實說明，智力的形成和發展並不需要同樣的腦結構，甚至不需要相同類型的神經細胞。

第七節　哺乳動物的智力

哺乳動物是動物演化的高等階段，也表現出相當程度的智力。例如，狗能理解主人的意思，執行指令；黑猩猩能使用樹枝來獲取蟻窩中的螞蟻；兩隻大象能彼此配合，同時拉動橫桿兩端的繩索以獲得食物，如果其中一隻大象還沒有到位，另一隻已經到位的大象還會等待牠到位，然後才開始拉動繩索，說明牠們懂得橫桿的工作原理。好幾種哺乳

第十三章　動物的意識和智力

動物也能通過鏡子測試（見上節），說明牠們有相當高階的認知能力。

哺乳動物智力的一個突出的例子就是美國愛荷華州一處養殖中心的一隻叫坎濟（Kanzi）的倭黑猩猩（比黑猩猩體型小的另一種黑猩猩）（圖13-10）。坎濟能像人那樣把棉花糖（不同於用純蔗糖經高溫紡成的棉花狀糖，而是用蔗糖、水和明膠製成的鬆軟糖球，烤後更好吃）穿成串，然後收集乾樹枝，折斷它們，堆在一起，劃燃火柴，點燃樹枝，再把棉花糖放在火上烤來吃。牠很喜歡吃煎雞蛋，而且想自己去煎雞蛋，牠會在電腦的觸控式螢幕上用手指選擇雞蛋和佐料，包括洋蔥、萵苣葉、葡萄和鳳梨。

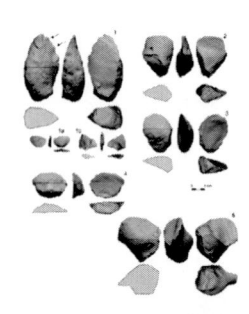

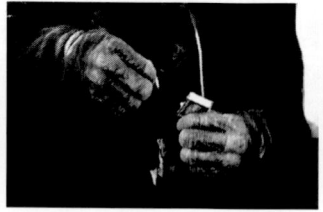

圖 13-10　倭黑猩猩坎濟

牠學會了製造石器，用左手握住一塊石頭，用右手握住的石頭來敲擊。牠還發明了牠自己製造石器的方法，即把卵石直接砸向堅硬的表面上來形成石片。在牠完成的 294 件石器中，大多數是用牠自己的方法製造的。這些切割器非常尖銳，可以劃開獸皮，獲取裡面的食物。

第七節　哺乳動物的智力

　　最令人印象深刻的是牠使用語言的能力。倭黑猩猩的呼吸道結構與人不同，不能像人那樣發出複雜的聲音，但是牠能使用表示單字的符號來表達牠想要說的詞彙。當坎濟聽到某個單字的發音時，牠能指出單字對應的符號。據統計，坎濟至少掌握 384 個單字。大部分時間坎濟都把印有符號字的墊子帶在身邊，以便隨時用符號字來表達牠的意思。這些詞彙中不僅有名詞和動詞，而且還有介詞如 from、after 等，說明坎濟理解「從……來」、「在……之後」的概念。Kanzi 也懂得「指」的意義，用指頭指向牠有所要求的人來完成牠的願望，如給牠想要的東西。

　　哺乳動物智力的另一個例子是出生於美國舊金山動物園的雌性大猩猩可可（Koko）（圖 13-11）。牠也能使用語言，不過由於訓練方法的不同，可可並不使用符號字，而是使用手語。牠學會了 1,000 多個表達意思的手語，懂得大約 2,000 個單字的意義。例如，牠的寵物小貓被汽車撞死，飼養員用手語告訴可可這個消息後，可可用手語表示「太糟了、傷心、太糟了」（bad, sad, bad）以及「皺眉、哭泣、皺眉、悲傷」（frown, cry, frown, sad）。

圖 13-11　大猩猩可可

第十三章　動物的意識和智力

第八節　意識產生於最原始的神經結構中

只有 302 個神經細胞的線蟲就能有意識，而對於具有高度智力的人，意識又產生於什麼地方？是產生於比較先進、用於思考的大腦皮質，還是腦中比較原始的結構如腦幹？

科學家用正電子發射斷層掃描技術觀察了人從無意識的睡眠狀態清醒過來時，腦中最先活躍起來的部分，結果發現視丘和腦幹的活動最先恢復（圖 13-12 左）。用麻醉劑 Propofol 和 Dexmedetomidine 全麻的志工從無意識狀態恢復意識時（定義是志工能執行指令，如「睜開眼睛」），腦中最先活躍起來的區域也是腦幹、視丘和下視丘。

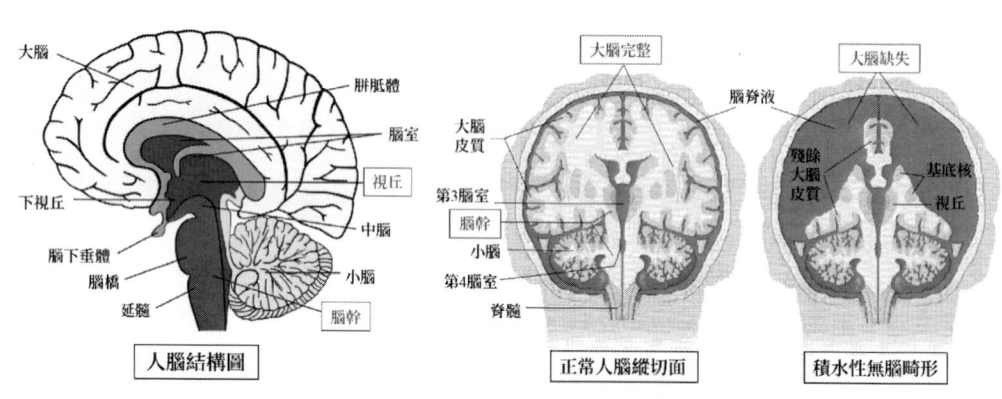

圖 13-12　腦幹、丘腦的位置和「積水性無腦畸形」

在對癲癇病人做腦部手術，切除腦的一些區域以緩解病情時，醫生發現，切除大腦皮質的各個部分，甚至切除腦半球，病人仍然保有意識。在動物實驗中，刺激腦幹能使動物的大腦皮質活動全面增加，而損傷腦幹則使動物進入昏睡狀態，即喪失意識。腦幹中的一些神經細胞向大腦皮質的各個部分發出長距離軸突連接，向這些區域發送啟動的訊息，使動物恢復全面的思考狀態。

最能證明意識和大腦皮質無關的是所謂的積水性無腦畸形的病人（圖 13-12 右）。他們出生時基本上沒有大腦半球，也沒有大腦皮質，而以腦脊液代之，但是視丘、腦幹和小腦完整並且具有功能。如果大腦皮質是產生意識的所在，這些患兒應該沒有意識。但是科學家對美國 108 個照顧這些患兒的中心進行問卷調查後發現，這些患兒具有意識。例如，在這些患兒中，大約 50％能移動他們的手，20％能與人擁抱，91％會哭泣，93％有聽覺，96％能夠發聲，74％能感知周圍的環境，22％懂得對他們說的話，14％能使用交流工具。

這些事實說明，高等動物的意識並不是由這些動物發達的大腦皮質、特別是新皮質產生的，而是由腦中最原始的腦幹部分驅動的。這也和意識的產生不需要高階的神經結構的結論一致。從演化的角度看，這些結果就容易理解，因為意識是在感覺的基礎上產生的，出現的時間應該和感覺出現的時間相似，也就是在神經系統出現之後。哺乳動物發達的大腦皮質，特別是新皮質，不是為了產生意識，而是為了更複雜高階的思考活動。

第九節　感覺和意識是特定神經細胞群集體電活動的產物

感覺顯然是在神經系統裡面產生的。各種感覺器官包括眼睛、耳朵、鼻子、舌頭、皮膚，所發出的訊號都透過神經細纖維傳輸到中樞神經系統裡面，而不是傳輸到任何其他器官裡面，說明加工這些訊號，使之變為感覺，使我們有意識的地方就是神經系統。儲存過去感覺的地方（即記憶）也是在神經系統中。我們可以換心、換肝、換肺、換腎、截

第十三章　動物的意識和智力

肢、換皮膚、換角膜，這些都不會影響我們的記憶，但是大腦一些部位的損傷卻會使記憶消失。

我們在睡眠或者被麻醉時，意識喪失，但是心臟、肝臟、肺臟、腎臟、脾臟等臟器的工作仍舊在進行，而且沒有對應從清醒到意識喪失這兩種狀態的特徵性變化，如睡眠時的心電圖和清醒時的心電圖就沒有什麼實質性的區別。但是睡眠和麻醉卻會使腦電波發生特徵性的變化。腦電波是用電極在人頭皮上記錄到的腦活動發出的電訊號，表現為有大致振盪頻率的複雜波形，而且隨意識狀態的不同而不同（圖 13-13）。

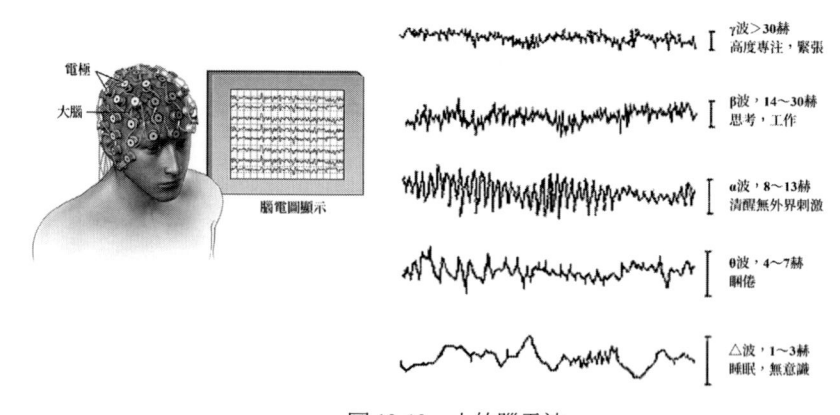

圖 13-13　人的腦電波

例如，人在深度睡眠，沒有意識的狀態下振盪頻率 1～3 赫，叫 △ 波；睏倦狀態時振盪頻率為 4～7 赫，叫 θ 波；清醒但無外界刺激時振盪頻率為 8～13 赫，叫 α 波；思考時振盪頻率為 14～30 赫，叫 β 波；高度專注和緊張時振盪頻率高於 30 赫，叫 γ 波。人有意識時和無意識時腦電波的頻率不同，直接說明意識與神經系統的電活動有關。

章魚也有類似的腦電波。科學家把電極直接插到章魚腦中，測到和人的腦電波類似的有節律的電訊號，頻率在 1～70 赫，主要電波的頻率小於 25 赫。

> 第九節　感覺和意識是特定神經細胞群集體電活動的產物

　　神經電活動在整體上表現出節律性，即有一定的頻率，說明意識可能是神經細胞群的電活動同步振盪的產物。如果神經細胞的電活動沒有同步的部分，這些電訊號就會相互抵消；如果這些同步電活動沒有振盪，即沒有週期性的高潮和低潮，腦電波也不會表現出有頻率。電突觸能使一個神經細胞的電訊號幾乎無延遲地進入另一個神經細胞（參見第六章第四節），因此這種同步電活動可能是透過神經細胞之間的電突觸而實現的。

　　當然不是所有的細胞電活動都會產生意識。例如，所有的細胞（包括植物細胞）都有膜電位變化，而且把膜電位的改變作為傳遞訊息的方式之一，但是這些電活動並不產生感覺。即使是神經細胞，許多訊號傳入和傳出的過程也不產生感覺和意識。例如，運動神經元傳輸至肌肉讓其收縮的電訊號就不產生感覺；交感神經和副交感神經控制心跳快慢的神經訊號也不產生感覺。如前所述，大腦中與意識直接有關的部位是腦幹和視丘，也許是這些部位中一些神經細胞群電活動的同步振盪才產生意識。同理，線蟲的 302 個神經細胞也許不都與感覺和意識有關，而是其中一些神經細胞電活動的同步振盪產生了感覺和意識。

　　感覺和意識是部分神經細胞群集體電活動產物的想法也得到了麻醉劑作用的支持。麻醉劑可以使人的意識暫時喪失，可以用來研究意識產生的機制。在過去，麻醉劑的作用被認為是這些脂溶性（能夠溶解在油性溶劑如汽油中）的化合物溶解於細胞膜中，改變細胞膜的體積、流動性和張力，從而改變細胞功能而實現的，主要根據是麻醉劑的脂溶性和麻醉效能關係的梅－歐假說，即在麻醉劑中，脂溶性越強的化合物，麻醉性越強。可是許多脂溶性很強的化合物卻沒有麻醉效能，而且在麻醉劑中，如果將分子增大，雖然可以使脂溶性更強，但是麻醉效能卻消失。這說明麻醉劑作用的主要地方不是細胞膜，而是尺寸有限的口袋，這些口袋很可能是蛋白質分子表面上的一些親脂部分。麻醉劑很可能結合在

第十三章　動物的意識和智力

蛋白分子的這些親脂口袋中，改變蛋白質的性質和功能。

近年來的研究證實，麻醉劑主要結合在一些離子通道上，提高神經細胞被激發的閾值，從而抑制神經細胞的電活動，導致意識消失。例如，異氟烷可以結合到 A 型 GABA 受體上，增加受體對氯離子的通透性，讓更多的氯離子進入神經細胞，使神經細胞超級化，因而更不容易被激發。麻醉劑的作用機制說明，意識的存在與神經細胞被活化的閾值有關，支持意識是基於神經細胞的電活動的假說。

意識和神經細胞的電活動有關，也從對大腦的電刺激效果上得到證明。例如，醫生在處理一位患癲癇症的婦女時，偶然發現用高頻電流刺激腦中一個叫屏狀核的結構時，這位婦女立即喪失意識，停止閱讀，兩眼無神，並且對用影像和聲音發出的指令不再反應。當電刺激停止時，她又立即恢復知覺，並且對曾經發生的知覺喪失過程沒有記憶（圖 13-14）。一處電流刺激就可以使人的意識完全消失，說明電流刺激擾亂了腦中為意識形成所需要的電活動。

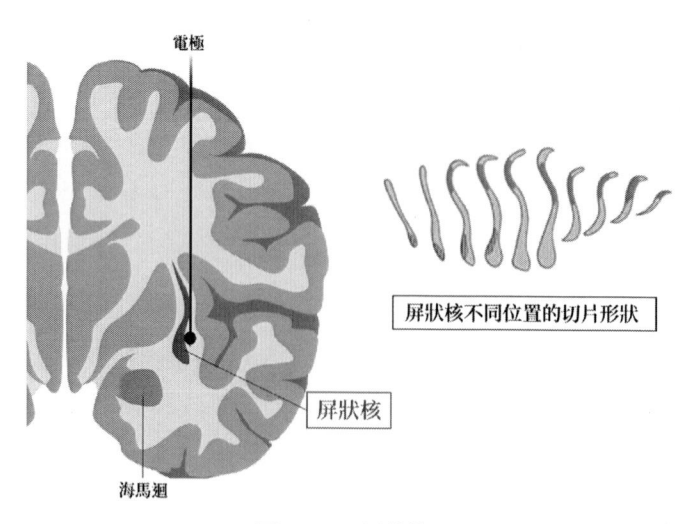

圖 13-14　屏狀核

這些事實都說明，是神經系統中的特定神經細胞群協調一致的同步電活動產生了意識。這在人腦中是視丘和腦幹，在線蟲中也許是中間神經元，即除去輸入神經元和輸出神經元的部分。

第十節　感覺和意識的神祕性

即使我們可以準確地知道是哪些神經細胞的電活動與意識的形成有關，也了解了這些電活動的特點，我們也只能證明意識是由神經細胞的電活動產生的，但是還不能知道意識是如何由這些電活動產生的。身體和細胞的構造無論怎樣精巧複雜，總是由物質構成的，看得見，摸得著，也可以用各種方法來觀察了解，而感覺和意識是虛無縹緲的東西，看不見，摸不到，並且具有以下特點。

感覺不可測量。對於身體，我們可以測量身高、體重、血糖、血壓，但是我們無法測定感覺。我們可以測量與感覺和意識有關的指標，例如，腦電波的特點和動物對外界刺激的反應，但是我們無法直接測定感覺和意識本身。

感覺不可描述。我們知道什麼是感覺，是因為我們親身體驗過。對於先天某種感覺缺失的人，我們是無法把感覺告訴他們的。例如，我們就無法向天生的盲人描述紅色是一種什麼樣的感覺，無法向先天耳聾的人描述聲音的感覺，也無法向先天痛覺缺失的人描述痛是一種什麼樣的感覺。

感覺的另一個奇妙之處是，產生感覺的地方是腦，但是感覺到的地方卻是訊號輸入處。例如，手被火燒到了，被燒的感覺是在腦中形成的，但是腦自己並沒有被火燒的感覺，而是在被火燒的手上。失去手臂

第十三章　動物的意識和智力

的人有時還有手臂的感覺，甚至感到已經不存在的手臂在疼，也證明感覺是在腦中產生的。神經系統的這個功能是絕對必要的，可以使動物立即知道受傷的位置並且採取措施。如果手被燒而被燒的感覺在腦中，除了讓動物知道身體有傷害以外，沒有其他用處，也不能採取正確的措施。因此感覺一定是和身體的定位系統（即自我感覺）偶聯的，這樣才能把感覺呈現在訊號輸入處。但這是如何做到的，現在還完全是個謎。

感覺的再一個特點是它只能屬於每個人中的那個「自我」，而無法與人分享。我們無法感覺別人看見的東西、聞到的氣味、嘗到的美食、傷害的痛苦，除非自己親自去感覺。

正因為意識不可描述，也不可直接測量，所以意識也容易被許多人看成是獨立於物質之外的精神，或者靈魂。例如，法國哲學家勒內·笛卡兒（Rene Discartes）的「二元論」就認為，精神和物質是兩個彼此獨立的實體，心靈能夠思考，但是不占據空間；物質占據空間，但卻不能思考，它們之間不能互相衍生或轉化。許多人也相信靈魂不滅，一個人死亡後，靈魂不會死亡，可以傳給下一代的另一個個體（轉世），或者暫時控制另一個人（附身）。但是越來越多的證據顯示，意識是依賴於物質的，是神經細胞的綜合電活動產生了意識，然而如何用神經活動解釋感覺和意識的產生，是科學面臨的最困難的任務之一。

高等動物已經具有相當高的智力，這種智力發展下去，就導致了人類的誕生。

第十四章

人類的誕生歷程

第十四章　人類的誕生歷程

在第十三章中談到的倭黑猩猩坎濟、大猩猩可可、渡鴉和鸚鵡等鳥類都已經表現出令人印象深刻的智力，不過那是相對於其他智力較低的動物而言，一旦與人類相比，牠們的智力就相形見絀了。人類才是動物中智力發展的最高代表。

第一節　人是智力最高的動物

猩猩和一些鳥類已經能使用甚至製造工具（參見第十三章），但是那些工具都是簡單和原始的。人類不僅能製造工具，而且製造的工具也越來越複雜和先進。從石器、陶器、青銅器、鐵器到現代冶金；從馬車、獨輪車到汽車、火車、飛機、輪船，甚至宇宙飛船；從人拉、肩扛到蒸汽機、內燃機、馬達；從用火照明到電燈；從人工傳書到電報、電話再到影像通訊，人類製造的工具極大地改變了人的生活方式，使其越來越方便、高效和舒適。人類發明的科學研究工具，如顯微鏡、望遠鏡、離心機、X光繞射儀、各種光譜儀、質譜儀、磁共振儀、電子自旋共振儀等，都極大地擴展了人類認識世界的能力。

許多鳥類能幫自己建窩，但是這些窩既不能擋日晒，也不能擋雨；最聰明的哺乳動物黑猩猩仍然居無定所。而人類不但能為自己建造長期居住的房屋，還發展到具有給水排水、通電、帶空調、通網際網路的現代化住宅，並且發展出各種功能齊全的現代化城市，使人類生活在自己創造的環境中。

動物之間也可以透過聲音來交換資訊，但是聲音訊號數量不多，訊號之間沒有很多組合，而人類的語言不僅有成千上萬個詞彙，這些詞彙之間還有複雜多變的組合，組成千變萬化的句子，高效地傳播和交流資訊。

文字更是人類的發明。文字可以將語言記錄下來，使人類的知識可以在大腦之外儲存，累積成為一個整體並且不斷豐富，成為人類的共同財富。每個人原則上都可以透過文字接觸到人類過去累積的全部知識，大大加速人類社會的發展。

鳥和猩猩已經有抽象思考，人類的抽象思考則大大擴展，產生出宗教、哲學、科學。人類不但被這個世界所產生，還可以反過來研究和理解這個世界。

有些動物已經會舞蹈和歌唱，而人類的舞蹈和歌唱不僅複雜和豐富得多，人類還發明了樂器和組成樂隊。繪畫、雕塑、小說、電影、戲劇等，更是人類特有的文化藝術活動。

人類所有這些進步背後的原因，除了身體的改變演化出了做事情的手和發聲器官外，就是人類智力發展。人類的智力不是憑空突然出現的，而是在已經具有相當智力的猿類動物的基礎上發展出來的。

第二節　古代人類從非洲猿類演化而來

達爾文早就注意到人與猩猩的相似性，在西元1871年出版的《人類的由來及性選擇》(*The Descent of Man, and Selection in Relation to Sex*)一書中，達爾文就認為在非洲生活的黑猩猩和大猩猩是和人親緣關係最近的動物，並由此推斷人類是從非洲這類動物演化出來的。在當時，還幾乎沒有早期人類的化石證據，更沒有分子生物學的資料，但在隨後的研究顯示，達爾文的這兩個推斷完全正確。

分子生物學的研究顯示，黑猩猩的DNA有98％與人類的相同，是所有動物中相似程度最高的，絕大部分基因也與人相同，因此是與人類

第十四章　人類的誕生歷程

關係最近的親戚，大猩猩其次，在亞洲生活的長臂猿和紅毛猩猩關係就更遠了，證明了達爾文當初的推斷。

黑猩猩、大猩猩、長臂猿和紅毛猩猩都屬於哺乳動物中靈長類動物裡面的猿，體型較大，沒有尾巴；另一類靈長類動物是猴，體型較小，身後有尾巴。牠們的腦容量與體重的比例都超過其他哺乳動物兩倍以上，也就是具有比較發達的大腦。

對靈長類動物 DNA 的分析顯示，靈長類動物大約在 8,500 萬年以前與其他哺乳動物分開；大約 1,500 萬年前，非洲猿與亞洲猿分開；大約 800 萬年前，大猩猩從非洲猿中分化出去；大約 750 萬年前，黑猩猩又從非洲猿中分化出去，餘下猿類則逐漸演化成為人類。

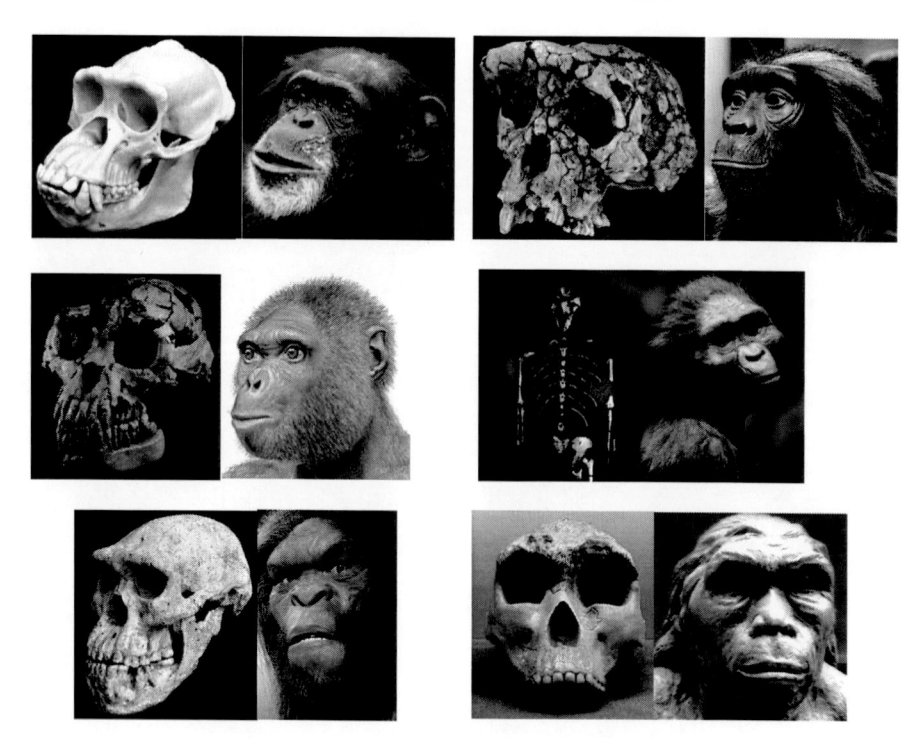

圖 14-1　一些古代人類的頭部與黑猩猩比較

化石研究也支持人類起源於非洲猿類的結論（圖 14-1）。迄今發現的最古老的、骨骼特徵已經和猿類動物有明顯區別的早期人類化石都在非洲，如在東非洲國家查德發現的沙赫人（Sahelanthropus）的化石有大約 700 萬年的歷史。在肯亞北部發現的圖根原人（Orrorin tugenensis）化石有 600 萬年的歷史，在衣索比亞發現的卡達巴地猿（Ardipithecus kaddaba）化石有大約 560 萬年的歷史，在衣索比亞發現的露西（Lucy）化石有大約 320 萬年的歷史。露西的化石保留了大約 40% 的骨骼，其結構特點表示她是直立行走的。

相比之下，非洲以外最早的人類遺跡只在 200 萬年前左右，例如，巫山人是迄今為止在中國發現的最早的人類化石，有 214 萬年的歷史；藍田人化石有大約 160 萬年的歷史；在喬治亞的德馬尼西（Dmanisi）鎮發現的人類化石有大約 180 萬年的歷史。當然不能完全排除非洲以外還會發現更早人類化石的可能性，但是從非洲大量出土的大約 700 萬年前的人類化石，以及黑猩猩只生活在非洲來看，最大的可能性還是人類是從非洲黑猩猩類的動物演化而來的。

第三節　現代人類的誕生：走出非洲說和多地起源說

古代人類在非洲誕生的看法已經很少受到質疑，但是非洲以外人類的化石也有大約 200 萬年的歷史，是一個相當長的時期。現代人類是從非洲起源，再擴散到世界各地，取代那裡更古老的人類，還是生活在各個地方的古人類一直繁衍，變為各地的現代人類，就是一個有爭議的問題。

第十四章　人類的誕生歷程

解決這個問題的一條途徑是用分子生物學的方法，即用 DNA 序列的變化來追蹤現代人類的演化史，主要根據的是粒線體 DNA、Y 染色體 DNA，以及一種叫做 Alu 重複序列在 DNA 的插入位置。另一條途徑是根據化石來推斷現代人類演化的歷史。用這兩種方法得到的結論並不完全一致。

粒線體是一種叫做變形菌的細菌進入古菌細胞後變成的一個細胞器，至今保留了一些原本變形菌的 DNA（參見第三章第一節和圖 3-1）。動物在繁殖時，只有來自母親卵細胞的粒線體遺傳給了後代，精子中的粒線體要麼不能進入卵細胞，要麼在受精後在卵細胞中被銷毀。因此分析各種現代人群中粒線體 DNA 序列的變化狀況，就可以追蹤人類母系的遺傳狀況。

對粒線體 DNA 的分析顯示，所有現代人類的粒線體 DNA 可以分為 6 個支系，為 L1～L6（圖 14-2）。這 6 個支系都可以在非洲找到，但是在非洲以外只能找到 L3，說明只有 L3 這一支走出了非洲，因此所有的現代人應該都起源於非洲。所有這些支系都可以追溯到現代人類最古老的粒線體 DNA 祖先 L0，代表所有現代人類的母親（也被稱為粒線體夏娃），生活在大約 15 萬年前的非洲。

Y 染色體只存在於男性中，所以只能從父親傳給兒子。分析全世界不同人群的 Y 染色體 DNA 序列，也可以分為許多支系，以英文字母命名（圖 14-3）。其中最古老的 A 系和 B 系都在非洲，只有 CR 系（也叫 M168 系）走出非洲。這些支系也可以追溯到現代人類最古老的 Y 染色體形式，代表現在所有人類的父親，叫做 Y 染色體亞當，生活在大約 20 萬年前的非洲。

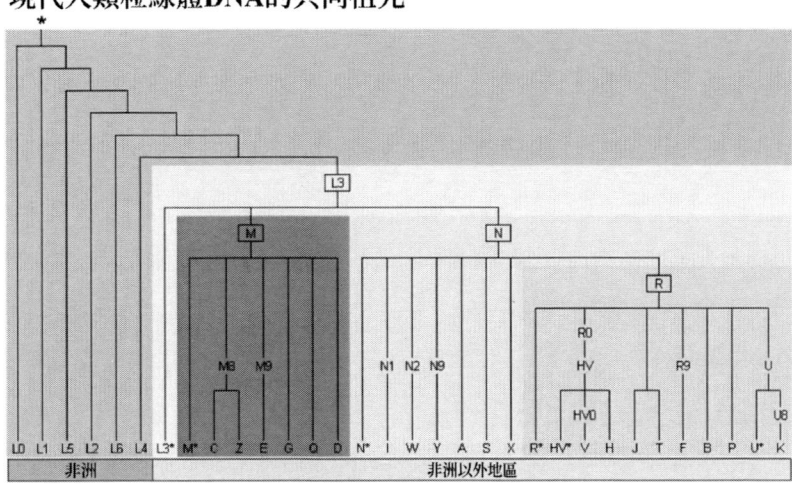

第三節　現代人類的誕生：走出非洲說和多地起源說

現代人類粒線體DNA的共同祖先

圖 14-2　粒線體 DNA 支系圖

其中 L1、L2、L4、L5、L6 只存在於非洲，L3 支系則走出非洲。在非洲以外，L3 又分化為 M 和 N 兩大支系，其中 N 支系中又分化出次支系，這些支系還進一步分化為各種小支系，以英文字母代表。

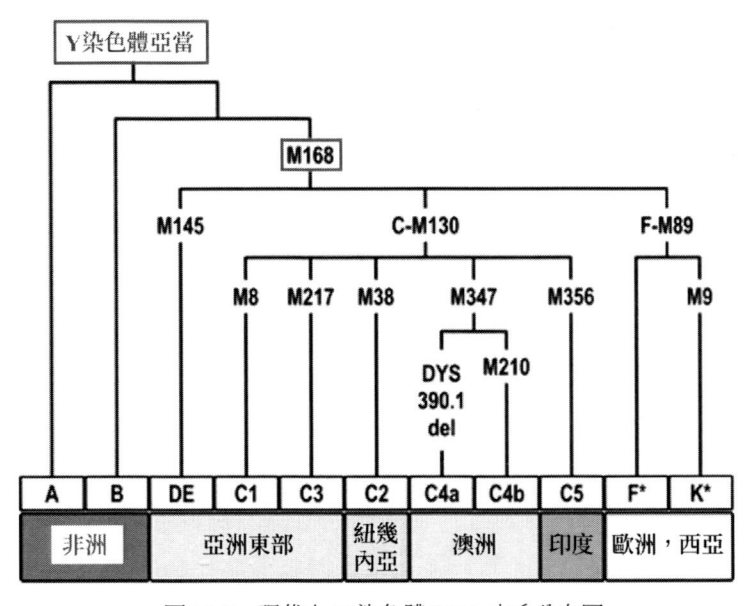

圖 14-3　現代人 Y 染色體 DNA 支系分布圖

223

第十四章　人類的誕生歷程

Alu 重複序列屬於一類能夠在 DNA 中透過轉錄和反轉錄而跳來跳去的 DNA 序列，被稱為轉座子，或者跳躍子。由於插入 DNA 中同樣位置的機率極低，從 Alu 序列插入 DNA 中的位置，也可以追蹤 DNA 演化過程。對全世界 16 個人群的 664 位個人的 Alu 插入狀況的分析，也支持現代人類產生於非洲的說法。

按照這個「走出非洲」的理論，早年走出非洲的直立人在歐洲和西亞演化成為尼安德塔人（Neaderthals），在亞洲東部演化成為丹尼索瓦人（Danisovans）。現代人產生於 15 萬～20 萬年前的非洲，在大約 10 萬年前走出非洲，取代了世界各地的尼安德塔人和丹尼索瓦人以及他們的後代。比較現代人與尼安德塔人和丹尼索瓦人的 DNA，發現現代人的 DNA 中有百分之幾來自他們，說明現代人和他們之間有過交配，但尼安德塔人和丹尼索瓦人都不是現代人類的祖先。因此，10 萬年前生活在非洲以外的所有人種，包括中國的北京人，都不是現代人類的祖先。

此外，在非洲以外發現的人類化石又表現出連續性，如在中國就有 170 萬年前的元謀人、160 萬年前的藍田人、70 萬年前的北京人、50 萬年前的南京人、20 萬年前的金牛山人、10 萬年前的許昌人、7 萬年前的柳江人、4 萬年前的田園洞人、3.5 萬年前的資陽人、1 萬多年前的山頂洞人等（圖 14-4）。

這些人類化石結構的特點有一定的連續性，而且類似現代的亞洲人，例如，北京人臉部扁平，顴骨突出，與東方人的頭部特徵相似，10 萬年前的許昌人的結構特點也類似中國本土的古代人種。70 萬年前在印尼生活的爪哇人，顴骨高而寬，又與附近澳洲土著人相似。從中國古代人製造的工具和其他物品（如陶器）看，也有一定的連續性。如果 10 萬年前走出非洲的現代人取代了這些在中國生活的比較古代的人，這些工

第三節　現代人類的誕生：走出非洲說和多地起源說

具和器物應該有比較突然的變化，但是在中國不同時期的人類遺址中，並沒有發現這樣的變化。這些事實似乎說明，現代的亞洲人包括中國人，是早就在這些地方生活的古人類的後代，其他地方的現代人也是由那些地方的古人類變來的，這種學說叫做多地區起源說。

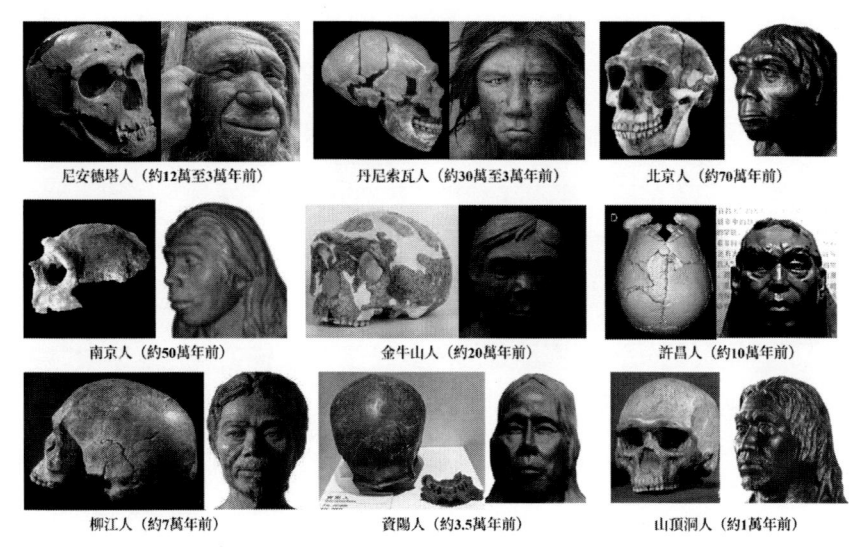

尼安德塔人（約12萬至3萬年前）　　丹尼索瓦人（約30萬至3萬年前）　　北京人（約70萬年前）

南京人（約50萬年前）　　金牛山人（約20萬年前）　　許昌人（約10萬年前）

柳江人（約7萬年前）　　資陽人（約3.5萬年前）　　山頂洞人（約1萬年前）

圖 14-4　中國出土的人類化石與尼安德塔人和丹尼索瓦人比較

多地區起源說難以解釋世界各地人群之間粒線體 DNA、Y 染色體 DNA 和 Alu 插入位置的高度關聯性，而且僅憑化石的結構特徵也難以得出肯定的結論，而走出非洲說又難以解釋中國地區人類化石和器物的連續性。因此關於現代人類起源問題的爭論，還會持續很長的時間。

但是伴隨著猿變成人過程中 DNA 和它裡面所含基因的變化，卻是可以追蹤和研究的，而且已經獲得了許多成果。

第十四章　人類的誕生歷程

第四節　使猿變成人的DNA改變

人類從黑猩猩類的動物演化而來，之所以人類與黑猩猩現在有如此大的差別，是人類的DNA序列發生了人類特有的變化，改變了原來一些基因的表達方式，而且演化出了人類特有的基因。這些變化只占DNA序列的2%左右，卻產生了極大的效果，使猿變成了人。

使猿變成人的一個重要方式是基因加倍，即同一基因的數量從一份變為兩份。其中一份基因保持不變，執行原來的功能，這樣動物原有的生理活動不至於受到影響；而另一份基因是多出來的，有變化的自由，可以透過結構變化產生新的功能。許多人類特有的基因就是這樣產生的。

除了基因複製外，原本基因的啟動子還可以發生變化，改變基因表達的強度和時間，產生不同的生理效果。

從猿到人不只是要增加新的基因，也可以透過使原來的一些基因失去功能，變為偽基因，在人類的演化過程中產生非常重要的作用。

因此從猿到人，DNA的變化影響基因功能和表達狀況的方式是多種多樣的，有益於人類演化的改變就被保留和固定下來，成為現在我們身體裡面的DNA。下面就是一些具體的變化。

第五節　CMAH基因的失活增強人的奔跑能力

猿類動物在變成直立行走的人的過程中具有先天優勢：牠們棲息在樹上。由於樹幹主要是在豎直方向，使猿的軀幹在大部分時間都處於豎

第五節　CMAH 基因的失活增強人的奔跑能力

直狀態，就是在地面上時，牠們也多取坐姿，而且所有的猿類都有一定程度的用後肢行走的能力。而在地面上食草的哺乳動物（如牛和羊），牠們的軀幹就一直處於水平狀態，不會坐，也不會用後肢行走。

多次發生的乾旱使非洲的森林逐漸變為草原，猿人也被迫從樹上生活轉變在草原上生活。原本在樹上身體豎直的狀態比較容易轉變為在草地上身體直立的狀態，而且由於不再需要爬樹，猿人也從原本的四肢攀爬改為用兩條後肢行走。

直立行走可以使頭部的位置提高，在廣闊的草原上獲得更好的視野。後肢行走也使前肢獲得自由，演化為可以做各種工作的手，因此直立行走是猿變人的一個重要象徵。

從森林到草原，水果和嫩葉的來源大減，迫使猿人變為狩獵者，早期猿人居住地發現的大量動物骨骼就證明了這一點。追蹤和捕獲動物都需要長途跋涉和奔跑，而肌肉不容易疲勞，具有更好奔跑耐力的猿人就擁有更好的生存優勢。

這時 DNA 序列上的一個變化發生了。一個叫做 *CMAH* 的基因在為蛋白質編碼的區域失去了 92 個鹼基對，使這個基因變成偽基因，不再能夠產生蛋白質。CMAH 蛋白的功能是生產一個叫做 N-乙醯神經胺酸（Neu5Gc）的分子，這是一種非常古老的分子，在細菌的莢膜、分泌的糖蛋白以及動物細胞表面廣泛存在。

這個基因的失活使人類不再生產 N-乙醯神經胺酸，其生理效果就是人奔跑時耐力增加。將小鼠的 *Cmah* 基因敲除，小鼠的奔跑耐力也增加，肌肉中有更多的微血管，也更不容易疲勞。

黑猩猩仍然擁有完整的 *CMAH* 基因，說明是人類在演化過程中淘汰了這個古老的基因而改善自己的奔跑能力。人類是運動耐力最高的動物

第十四章　人類的誕生歷程

之一，馬拉松比賽就證明了人類的奔跑能力。獵豹可以跑得很快，但那只是短時間的爆發力，不能持久。

第六節　體毛消失和膚色變化

在樹林中生活的黑猩猩不用長途奔跑，也很少晒到太陽，身體散熱不是問題，保溫反而更重要，因此黑猩猩都有濃厚的體毛。但是到了草原上，陽光曝晒加上長途奔跑，都會使身體中有大量的熱，再擁有體毛就會嚴重妨礙散熱，因此早期人類解決散熱問題的一個辦法就是脫去大部分體毛。

脫去體毛後皮膚裸露，陽光中的紫外線直接照射到皮膚上，又會造成皮膚傷害甚至引起皮膚癌。為了減少紫外線造成的傷害，早期人類用黑色素來吸收陽光中的紫外線，因此早期人類的皮膚很可能是黑色的，而且一直持續到今天的非洲裔身上。

隨著冰川期消失，人類擴散到非洲以外的地區，包括歐亞大陸的高緯度地區。這些地區日照時間短，陽光較弱。由於維生素 D 的合成需要陽光照射才能完成，深色的皮膚不利於吸收太陽光，於是高緯度地區的人類皮膚逐漸失去黑色素而顏色變淺，在這個過程中 DNA 序列的變化發揮了重要作用。

影響皮膚顏色的黑色素是在皮膚基底層中專門的黑色素細胞中生產的，可以大致分為兩種，即真黑素和棕黑色素。真黑素的多寡影響皮膚的黑白深淺，而棕黑色素的多寡影響皮膚從棕色到黃色的變化。這兩種色素不同量的結合就決定了皮膚的具體顏色，從黑色、棕色、黃色到白色。除了皮膚下層的黑色素細胞外，毛囊中也有黑色素細胞，影響毛髮的顏色。

第六節　體毛消失和膚色變化

　　黑色素的合成是一個非常複雜的過程（圖 14-5）。細胞以胺基酸中的酪胺酸為原料，透過酪胺酸酶（TRY）的作用，再聚合而形成。合成哪種黑色素，合成多少，受許多因素影響，因此許多基因及其表達狀況都可以影響人毛髮和皮膚的顏色。

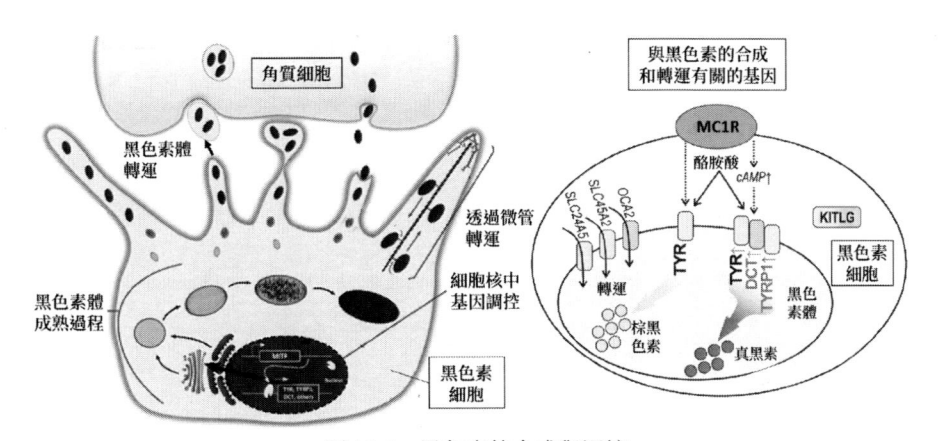

圖 14-5　黑色素的合成與調控

　　酪胺酸酶是催化黑色素合成的第一步。在 40%～50% 的歐洲人中，這個酶在第 192 位的胺基酸從絲胺酸變為酪胺酸，與這些歐洲人頭髮變為金色、皮膚顏色變淺有關。

　　位於黑色素細胞表面的黑皮質素受體（MC1R）決定細胞生產哪種黑色素。當 MC1R 受體未被活化時，黑色素細胞產生棕黑色素，而 MC1R 被活化時，則產生真黑素。MC1R 有 100 多個變種，其中已經有 3 種被發現與頭髮變紅和皮膚變白有關，包括第 84 位的天門冬胺酸變為麩胺酸，第 142 位精胺酸變為組胺酸，以及第 151 位的精胺酸變為半胱胺酸。在中國，第 163 位的精胺酸變為麩醯胺酸，與皮膚顏色變淺有關。

　　黑色素細胞產生於動物發育中的神經脊，再移動到皮膚和毛囊。黑色素被合成後，還會被轉運到角質細胞內。*KITLG* 基因控制移動過程，

第十四章　人類的誕生歷程

也會影響毛髮和皮膚的顏色。在北歐人中，控制這個基因表達的 DNA 序列中有一個 A 到 G 的突變，使頭髮變為金色，而這種突變在非洲和亞洲極為少見。在超過 80％的歐洲人和亞洲人中，第 326 位的丙胺酸變為甘胺酸，與皮膚顏色變淺有關。

　　SLC24A5 基因的產物是一種離子交換通道，與黑色素的合成有關。在蛋白質第 111 位的丙胺酸變為蘇胺酸後，黑色素的合成減少，與歐洲人的皮膚顏色變淺有關。

　　SLC45A2 基因的產物是一種轉運蛋白，與黑色素前體酪胺酸的轉運有關。其 374 位的苯丙胺酸變為亮胺酸後，黑色素合成減少，皮膚變白。這個變種在歐洲人中極為普遍，但是在其他地區的人群中極為稀少。

　　細胞中生產黑色素的結構叫做黑色素體，裡面的環境偏酸時生產棕黑色素，環境偏鹼時生產真黑素。*OCA2* 基因的產物能調節黑色素體的酸鹼度，因此也影響黑色素的合成。在亞洲東部和南部的人群中，包括中國的漢族人，第 615 位上的組胺酸變為精胺酸，與這些人群皮膚顏色變淺有關。

第七節　熟食使肌球蛋白 16 基因失活和唾液澱粉酶基因增加

　　乾旱的氣候也使火災（多數由閃電引起）頻發。猿人發現被燒過的動物和植物更好吃，火在晚上還可以用來照明，於是開始主動用火。燒過的土壤會變硬，導致陶器的出現，使猿人除了烤食物外，還可以煮食物，包括熬湯。

熟食使營養的消化和吸收大幅度改善，為大腦的擴張創造了條件，還可以消滅食物中的細菌和寄生蟲，使猿人的健康狀況也得到改善。晚上用火照明也改變猿人天黑即睡的生活方式，有更多的時間用於社交和發展語言，因此用火也是猿向人轉變的又一個象徵。

　　食物變熟後不再需要強大的咀嚼功能，使人類的咀嚼肌變少，下巴和臉部變小。比較人和黑猩猩的 DNA，發現人第 16 型肌球蛋白（MHY16）的基因中第 18 個外顯子（為蛋白質編碼的 DNA 片段，參見第三章第二節）中失去了兩個鹼基，使隨後的三聯碼移位，產生錯誤的蛋白質，MHY 基因也由此失活，變成了偽基因。這是又一個在人類演化中基因失活的例子。

　　加熱過的澱粉分子斷為許多小片段成為糊精，可以被唾液澱粉酶消化，人類也發展出了多份唾液澱粉酶基因，在口腔中就開始對澱粉的消化。我們嚼饅頭的時候會感覺到甜味，就是唾液澱粉酶作用的結果。

　　吃容易消化的熟食也使人的消化系統變小。由於消化食物是相當消耗能量的過程，消化系統的縮減也可以餘出更多的能量用於大腦的擴張。

第八節　對高海拔地區的適應

　　人類在非洲產生後，又走出非洲，到世界各地安家，其中也包括高海拔地區，如中國的青藏高原和南美的安地斯山脈。在這些地方空氣比較稀薄，所含的氧氣也相應較少。

　　人從低海拔地區到高海拔地區時，為了保證身體得到足夠的氧氣，呼吸會變深加快，血液中血紅素增多，紅血球數量增加。如果不能適應

得很好，就會出現高原病的症狀。紅血球過多會導致血液黏稠，流動阻力增大，增大循環系統的負擔。動脈壓力增高和血管通透性的增加會導致血漿滲出，發生肺水腫和腦水腫。循環系統負擔長期加大也會導致心力衰竭。懷孕的婦女身體中流過子宮的血液減少，增加流產的機率。

為了適應在高海拔地區的生活，居住在青藏高原和安地斯山的人都發生了 DNA 的改變，導致基因類型和表達狀況發生改變，但是這兩個地區的人採取的策略不同。

在青藏高原生活的藏族人的適應方式是減少身體對缺氧的反應，防止紅血球增多症。在身體缺氧時，一種感受缺氧的蛋白質低氧誘導因子（HIF）增多。HIF 是轉錄因子，能啟動與缺氧反應相關基因的表達，因此要防止紅血球增多症，一個辦法就是阻止在低氧條件下 HIF 增多。

在氧氣供應正常的情況下，HIF 在一種叫做 EGLN1 的蛋白質的作用下不斷被降解，因此被保持在低水平。在低氧狀況下，EGLN1 活性降低，使 HIF 的濃度增加，啟動缺氧反應。而在藏族人中，*EGLN1* 基因發生了突變，第 4 位的天門冬胺酸變為麩胺酸，第 127 位的半胱胺酸變為絲胺酸。這些變化增加了 EGLN1 的活性，在低氧情況下仍然能使 HIF 降解。

HIF 本身是由 *EPAS1* 基因編碼的。在藏族人中，*EPSA1* 基因的調控序列中有一個 T 到 A 的突變，使結合轉錄因子的能力降低，HIF 蛋白的合成減少。這些 DNA 的變化使藏族人 HIF 的水平即使是在高海拔地區也不升高，避免了紅血球增多症的發生。

居住在安地斯山的人則採取了另一種策略，不是防止 HIF 濃度增高，而是改善循環系統，使缺氧對心血管系統的損害不致發生。他們特有的幾個基因類型都與心血管系統有關。例如，基因 *BRINP3* 的產物就

表達在動脈的平滑肌細胞中；NOS2 基因的產物是合成一氧化氮（NO）的酶，而一氧化氮有鬆弛血管的作用；TBX5 基因的產物是一個轉錄因子，與心臟的發育有關。

由於這些基因類型的變化，居住在安地斯山的人雖然血紅素的水平比較高，但是血液中與血液黏度有關的纖維蛋白原的水平卻比較低，孕婦子宮中血液供應也非常充足。

第九節　人類與語言文字有關的基因

人類的語言文字要求有對聽覺訊號和視覺訊號的轉換和理解，以及對手（寫字時）和發聲器官（說話時）肌肉的精確控制。任何一種能力受到損害都會影響人類的語言文字能力。

與人類語言文字有關的基因主要是透過對有語言障礙的人的研究發現的，包括 FOXP2 基因、KIAA319 基因和 ROBO1 基因。

FOXP2 基因

在英國一個家族的三代人中，有 15 個人有語言障礙。比較這些人與正常人的 DNA，發現是一個叫 FOXP2 的基因發生了突變，第 533 位的精胺酸變成了組胺酸。

FOXP2 基因編碼的是一個轉錄因子，能控制與語言有關的基因的表達。它影響腦中神經細胞之間的連接，對肌肉運動的控制發揮重要作用。剛出生的小鼠在把牠們從母親身邊移開時，會發出人耳聽不見的超音波叫聲。敲除小鼠的 FOXP2 基因，這種叫聲就大大減少。

第十四章　人類的誕生歷程

比較人和黑猩猩的 *FOXP2* 基因，發現人類的 *FOXP2* 基因在第 7 個外顯子中有兩處改變，第 303 處的蘇胺酸變為天門冬醯胺，第 325 位的天門冬胺酸變為絲胺酸。這些胺基酸的替換也改變 FOXP2 蛋白的功能，在人類的語言發展中發揮重要作用。

KIAA319 基因

有些學生有閱讀障礙，包括不能快速閱讀，拼寫困難，儘管他們的智力並不差。對這些學生的 DNA 進行檢查，發現一個叫做閱讀障礙相關蛋白（KIAA319）的基因的調控序列發生的變化與症狀有關。

KIAA319 基因的產物是一個膜蛋白，可能與大腦發育時神經細胞之間的黏連和移動有關。比較人類和黑猩猩的 DNA，發現 *KIAA319* 基因編碼的蛋白質發生了兩處人類特有的胺基酸序列變化，包括第 364 位的胺基酸變為天門冬醯胺和第 865 位的胺基酸變為精胺酸，是人類特有的 *KIAA319* 基因形式。

ROBO1 基因

對一個芬蘭家族中 21 位有閱讀障礙症患者 DNA 的分析，還發現了一個叫 *ROBO1* 的基因被破壞，因此沒有 ROBO1 蛋白的表達。*ROBO1* 基因的產物是位於細胞膜上的受體，在大腦發育過程中有引導軸突生長方向的作用，如連接左右腦半球。

語言文字已經是人類智力的表現，而人類的智力也是透過人類大腦的擴張而實現的。

第十節　人類與大腦發育有關的基因

人類從黑猩猩分化出來以後，智力提高，大腦的體積也不斷增加。例如，黑猩猩的腦容量約為 337 毫升，320 萬年前在衣索比亞直立行走的露西，其腦容量在 375～500 毫升，生活在大約 165 萬年前的非洲能人，腦容量增加到 600～650 毫升；在能人之後出現的直立人，腦容量更增加到 900～1,000 毫升，接近現代人的 1,350 毫升。

人類大腦容量的增大，與一系列 DNA 序列的改變有關。比較人和黑猩猩的 DNA 序列，發現有多個與此相關的基因變化。

NOTCH2NL 基因

NOTCH 基因編碼的蛋白質是細胞表面的受體，在與鄰近細胞上的蛋白質配體結合時，能使這兩個細胞向不同的方向發展（參見第五章第四節），在神經系統的發育中發揮重要作用。在紅毛猩猩分化出去以後，NOTCH 基因的一部分被複製，但是還沒有功能，在今天的大猩猩和黑猩猩中仍然沒有功能。但是在大約 300 萬年前，黑猩猩分化出去以後，這部分基因被修理而變得有功能，為一個縮短了的 NOTCH 蛋白質編碼。這樣產生的蛋白質不再是細胞膜上的受體，而是增加 Notch 訊號傳遞鏈的活性。這個在人類祖先中產生的新基因就叫做 NOTCH2NL。

NOTCH2NL 基因在人類大腦皮質中高度表達，它能延緩神經幹細胞分化為神經細胞的速度，增加神經幹細胞的數量，最後能生成更多的神經細胞。將 NOTCH2NL 基因表達在小鼠中，也能增加小鼠腦中神經幹細胞的數量。

第十四章　人類的誕生歷程

ARHGAP11B 基因

　　ARHGAP11B 基因從 ARHGAP11A 基因部分複製而來。它也能增加神經幹細胞的數量，生成更多的神經細胞，並且在腦表面形成褶皺和溝迴。如果表達在靈長類動物狨中，大腦會變得更大，而且表面有更多溝迴（圖 14-6）。它甚至能在小鼠的腦上產生溝迴。

　　這個基因複製事件發生在大約在 500 萬年前，在人與黑猩猩分開之後，因此是人類特有的基因。一個 C 到 G 的突變使 ARHGAP11B 蛋白有不同的羧基端，使它專門結合於粒線體，活化三羧酸循環中去氫酶的活性，增加麩醯胺酸的代謝，促進神經細胞增殖。

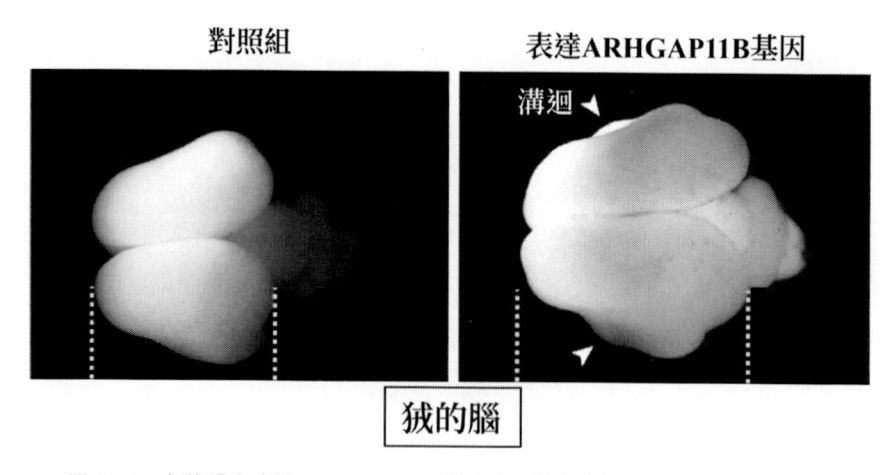

圖 14-6　在狨體內表達 ARHGAP11B 基因可以增大腦的體積並且出現腦溝迴

SRGAP2C 基因

　　SRGAP2C 基因從 SRGAP2A 基因複製而來。它的基因產物能與 SRGAP2A 基因的產物結合，生成不溶於水的沉澱而使後者失去作用，促進神經細胞的遷移，增加神經細胞突觸的數量。

第十節　人類與大腦發育有關的基因

這個基因複製也發生在人類與黑猩猩分開之後，因此是人類特有的基因。

HYDIN2 基因

HYDIN2 基因從 *HYDIN* 基因部分複製而來，而且從人類第 16 號染色體轉移到第 1 號染色體上，同時失去了原來的啟動子，在新的地方獲得了新的啟動子，使它的表達位置從 *HYDIN* 基因的呼吸道變為在神經系統中。

HYDIN2 不存在於其他靈長類動物中，因此也是人類特有的基因。

TBC1D3 基因

使組蛋白甲基化的酶 G9a 改變 DNA 的包裝狀況，抑制基因表達。*TBC1D3* 抑制 G9a 的活性，就能使受此影響的基因得到表達，增加神經幹細胞的數量。在體外培養的狀況下，TBC1D3 能使神經幹細胞長成更大的類腦結構。

在小鼠中表達 *TBC1D3* 基因能使小鼠的大腦皮質擴張，並且在腦表面形成溝迴，類似 *NOTCH2NL* 基因和 *ARHGAP11B* 基因的作用。

HAR1 基因

比較人類和黑猩猩的 DNA，還發現有若干區域在人類 DNA 中演化速度很快，叫做人類加速進化區（human accelerated region，HAR）。這些區域所含的一些人類特有的基因與人類神經系統的發育有關，*HAR1* 基因就是其中的一個例子。

第十四章　人類的誕生歷程

　　HAR1 基因不是為蛋白質編碼的，而是產生一個 RNA 分子，在人類胎兒發育的第 7～18 個星期在腦中有高度表達。HAR1 分子影響大腦發育過程中神經細胞的遷移，在新皮質上形成 6 層神經細胞，這就比古老皮質中的三層神經細胞層數加倍，大大提高神經系統處理訊息的能力。

　　這些基因的作用不僅增加了人類大腦中神經細胞的數量，還對人類大腦的結構進行了最佳化，使它成為地球上最強大的資訊處理結構。

人類大腦結構的最佳化

　　智力除了與神經細胞的數量有關外，還與訊號在神經細胞之間傳遞的速度有關。這種傳遞的時間越短，大腦處理資訊的效率就越高，智力也越發達。為了達到這個目的，人類大腦的結構主要在三方面進行了升級。

　　首先是在有限的空間內容納盡可能多的神經細胞。其他動物在體型變大時，神經細胞的體積也隨著增大，而靈長類動物的大腦有一個特點，就是腦隨著身體變大了，但是神經細胞的體積基本上不變大，因而可以保持比較高的神經細胞密度。人每立方公釐的大腦皮質，也就大頭針的針頭那麼大，卻含有大約 10 萬個神經細胞。用這種方式，人的大腦已經含有所有生物中最多數量的神經細胞，其中大腦皮質含有大約 120 億個神經細胞，也是所有動物中最多的，而大腦的總體積仍然在人體可以接受的範圍內。與此相反，大象和鯨大腦中神經細胞的尺寸就比較大，使牠們的大腦比人的大得多，但是神經細胞的密度卻比較低，訊號在神經細胞之間的傳遞要花費更多時間，工作效率也比人的大腦要低。

　　其次是大腦的神經細胞多數集中到表層的 2～3 公釐的厚度中，叫做大腦皮質。這樣可以使神經細胞之間的距離盡可能地短。數學分析表

第十節　人類與大腦發育有關的基因

示,這種安排比起把神經細胞在大腦中平均分布再彼此連繫更有效率。

人的大腦皮質分為新皮質、古皮質和舊皮質(圖14-7)。古皮質與舊皮質比較古老,只含有三層神經細胞,叫做爬行動物的大腦皮質。而從哺乳動物開始,新皮質出現。動物演化的程度越高,新皮質占的比例越大。像人的大腦皮質中,約有96%是新皮質,而且新皮質中的神經細胞的排布分為六層(參見本節 *HAR1* 基因),可以實現更高程度的皮質神經細胞的密集和更強大的處理資訊的能力。

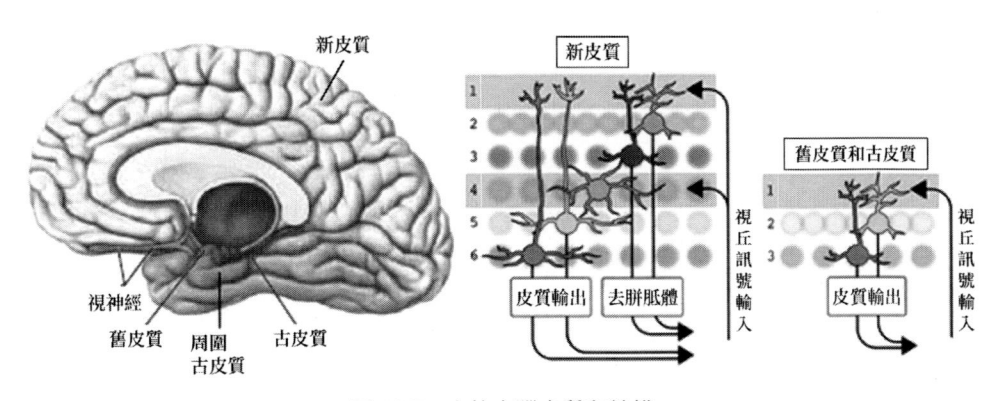

圖14-7　人的大腦皮質和結構

最後是用不同的神經纖維完成不同的任務。神經細胞發出的、把訊號傳給其他細胞的纖維叫做軸突。一種軸突外面包有髓鞘,叫做有鞘纖維,傳輸訊號的速度比較快,但是占的體積也比較大;另一種沒有髓鞘,叫做無鞘纖維,傳輸速度比較慢,但是占的體積比較小(參見第六章第四節)。大腦皮質神經細胞之間的短途連接就使用無鞘纖維,以減少占用的空間,使神經細胞之間可以靠得更近,訊號傳輸的時間更短。而比較長途的連接如大腦不同部位之間的連接,就用有鞘纖維以獲得更高的傳輸速度。由於髓鞘是白色的,這部分腦組織就叫做白質。神經細胞高度密集的皮質由於軸突沒有髓鞘,呈現灰色,叫灰質。白質和灰質的區

第十四章　人類的誕生歷程

分，說明大腦已經在減少體積和保持訊號傳輸速度上盡量兼顧二者（圖14-8）。

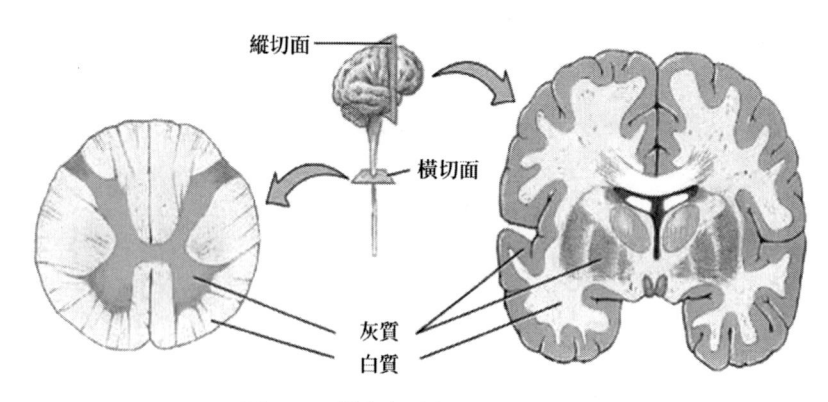

圖 14-8　腦和脊髓中的灰質和白質

　　這些升級過程完成的時間看來非常早，使人類的智力在幾千年前就達到現在的水準。例如，在 4,700 多年前建造的埃及古夫金字塔，高 146.5 公尺，由 230 萬塊巨石堆砌而成，總重近 700 萬噸，而且幾何精度極高，就算是現代人用現代技術也難以獲得那樣的成就。在中國四川廣漢三星堆出土的青銅器有 4,000～5,000 年的歷史，其精美程度令人驚嘆。2,500 多年前成書的《孫子兵法》，至今仍是世界上許多軍事院校的必讀教材。書裡面包含的思想和智慧已經超出軍事的範疇，而被廣泛地用於社會生活的各個方面。我們讀古代的小說或演義，一點也不覺得裡面的人物笨，把現代人放到當時的故事中去，行為和處理問題的方式未必比當時的人高明。之所以我們覺得現代人比古代人聰明，是把科學技術水準誤認為是智力水準了。古代人發明用火，發明燒製陶器的方法，發明金屬冶煉的方法，所需要的智力一點也不亞於現代人測定一個基因的序列或者編寫一個軟體程式所需的智力。

　　現在的問題是，人類仍然在演化嗎？

第十一節　人類仍然在演化

從許多證據看，人類仍然在演化，在過去的幾千年中就發生了許多變化，而且新的變化還在發生。

成年人對乳糖的耐受

哺乳動物透過母乳對新生的下一代提供營養，其中一種重要的營養物質就是乳糖，由一個葡萄糖分子和一個半乳糖分子相連而成。這樣的糖分子不能被動物的小腸直接吸收，而必須先被乳糖酶消化成為葡萄糖和半乳糖。在年幼動物斷奶後，食物中不再有乳糖，就不再生產乳糖酶，也就是乳糖酶的基因被沉默了。

然而在大約一萬年前，歐洲一些地方的人開始飼養家畜並且使用乳製品，這些人就逐漸發展出了在成年後仍然生產乳糖酶的能力，特別是在北歐國家。而世界許多地區的人包括亞洲人，並沒有發展出這樣的能力，因此成年人喝牛奶後會消化不良，腸道脹氣，叫做乳糖不耐。

研究發現，北歐地區的這些人中乳糖酶基因的序列發生了變化，其中位於 -13,910（負號表示基因轉錄點前面的位置）的 DNA 序列從 C 變成了 T。這個變化使這個基因的調控序列結合轉錄因子 Oct-1 的能力更強，同時也防止在這個 C 上發生使基因表達受抑制的甲基化，使有這個變化的成年人也能生產乳糖酶。

藍色眼睛出現

人類眼珠的顏色（即虹膜的顏色）最初都是棕色的。但是大約一萬年前，一些歐洲人發展出了藍色的眼睛。藍眼睛被一些人認為更具吸引

力，因此是比較受歡迎的變異，在人類中出現的比例也逐漸增加，在一些地區高達 40% 的人具有藍眼睛。

藍眼睛的出現是因為虹膜中黑色素的合成基本消失（參見本章第六節），這又和一個叫做 *OCA2* 基因的變異有關。其 DNA 序列中有三個位置可以分別是 T 或 C、G 或 T、T 或 C，藍眼睛的人 90% 在這三個位置有 TGT 組合，而棕色眼睛的人中有 TGT 組合的只有 9.5%，說明這些序列的差異與藍眼睛的出現有關。

骨密度降低

美國科學家比較了黑猩猩、早期猿人、尼安德塔人（參見本章第三節）和現代人的骨密度，發現現代人的骨密度顯著降低。例如，掌骨的密度（骨質的體積與骨總體積之比）從黑猩猩的 0.32 到猿人的 0.339，降到尼安德塔人的 0.244，再降到現代人的 0.189。

這種變化發生在大約一萬年前，大致是人類從狩獵生活轉變為畜牧和農耕的時候。生活方式的改變使人類對肌肉骨骼的要求降低。

失去智齒

人類吃熟食後，對咀嚼的要求降低，導致咀嚼肌中 *CMAH16* 基因失活（參見本章第五節）。在過去的一百多年中，人類的食物進一步精化，對咀嚼的要求進一步降低，智齒（離門齒最遠的牙齒）的重要性也越來越低，現在已經有大約 35% 的人不再長智齒。

第十一節　人類仍然在演化

大腦在縮小

在本章第十節中，我們談到人類智力的增長是伴隨著大腦的擴大的。但是現代人類的腦並沒有進一步擴大，而是在逐漸變小。古代人類的後裔尼安德塔人和丹尼索瓦人（參見本章第三節）的腦容量都曾經高達 1,500 毫升，但是現代人類的腦容量平均只有 1,350 毫升，似乎與預期的相反。

這是因為智力不會永遠隨著大腦的變大而提高。在神經細胞數量比較少時，神經細胞數量的增加固然可以提高資訊處理的能力，但是過大的大腦必然會增加神經細胞之間的距離，使得腦中訊號傳輸耗費更長的時間，降低大腦處理資訊的速度，更緊湊的大腦可以使工作效率更高。

愛因斯坦的腦只有 1,280 毫升，明顯低於人類 1,350 毫升的平均值，但是他的大腦頂葉部位有一些特殊的山脊狀和凹槽狀結構。較小的大腦和特殊的溝迴結構，也許使愛因斯坦進行思考時所使用的神經通路特別短和通暢，從而形成了他超人的智力。

前臂中有第三根動脈

在人胎兒的發育過程中，有三根動脈向發育中的手掌供應血液。但是在妊娠的第八個星期，中間那根動脈消失，因此成人的前臂只有兩根主要的動脈，即尺動脈和橈動脈。它們分別位於前臂的兩側，其中橈動脈靠近手掌處就是中醫用來號脈的地方（圖 14-9 左）。

但是在過去的一百多年中，有越來越多的人中間那根動脈並不退化，而是一直保留，使這些人的前臂中多出一根動脈。擁有第三根動脈的人在西元 1880 年代只占 10％，但是到 20 世紀末已經占到 30％。也

第十四章　人類的誕生歷程

許是人對手使用的要求越來越高，促使身體增加對手掌的血液供應（圖 14-9 右）。

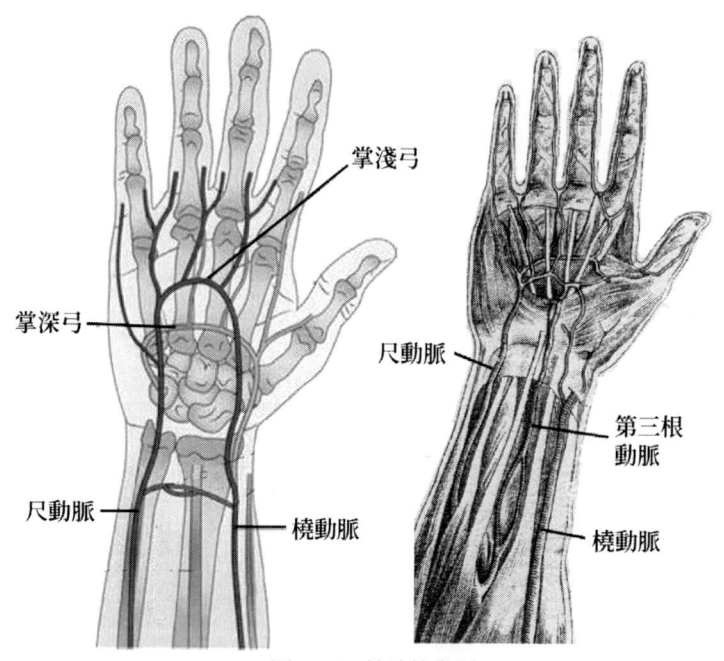

圖 14-9　前臂的動脈

體溫降低

在過去的一百多年間，人的體溫也降低了。科學家們分析了西元 1862～2017 年美國的 677,423 次體溫紀錄，發現 19 世紀初至 1990 年代，男人平均體溫降低了攝氏 0.59 度，女性降低了攝氏 0.32 度。平均起來，成年人的體溫從攝氏 37 度降到攝氏 36.6 度。

體溫降低可能與許多因素有關，包括室內溫度的變化、接觸到的微生物的變化、食物的變化，以及生活方式的改變，包括體力活動越來越少。

這些事實顯示，人類不僅有長時期的演化，包括從黑猩猩樣的猿類演化為古代人，又從古代人演化成為現代人，還可以在幾千年甚至幾百年間發生明顯的變化，說明人類的演化並未停止，而是在繼續進行。既然如此，人們自然想知道，未來的人類會是什麼樣子的。

第十二節　將來的人類是什麼樣子的？

自然選擇使能適應環境的物種生存下來，然而人類現在面臨的選擇，不僅有自然環境的選擇（包括與其他生物的相互作用），還有人類特有的選擇，那就是被人類自己創造的生活環境所選擇。隨著科學技術的高度發展，人類還能主動干涉演化的過程，使人類朝著自己希望的方向發展。

人類會長得更高

在過去的一百多年中，人類身高平均提高了 9～10 公分。例如，在 1914 年，男性的世界平均身高為 162 公分，女性世界平均身高為 151 公分。到 2014 年，男性的世界平均身高提高到 171 公分，女性的平均身高提高到 159 公分。

由於高身材在求職和求偶競爭中的優勢，隨著營養條件的改善，人的身高預估還會繼續增加。

肌肉會繼續弱化，但是不會有大頭小身體的人類

由於越來越多的體力活動被機器代替，對肌肉的要求也越來越低。熟食對咀嚼肌的影響已經使第 16 型的肌球蛋白基因失活（參見本章第七

第十四章　人類的誕生歷程

節），體力活動的降低也可能使更多的與肌肉有關的基因失活。肌肉減少使人變得更瘦，除非人類人為地增加體力活動。這樣體力活動不再主要為生產物品，而是人日常生活的一部分。

有人設想更大的頭會使人更聰明，但是就如本章第十一節中所說的，人類的頭部實際上是在變小。更大的頭不等於更聰明，因為頭的尺寸越大，神經細胞之間的距離越大，傳輸訊號所需要的時間越長，大腦的工作效率就越低。在神經細胞的數量增加到一定程度後，如何使腦的結構緊湊就是更重要的因素。

神經系統也是高度耗能的，人腦的重量是體重的約2％，卻消耗20％的能量。腦如果再大，對腦的能量供應就難以維持。

現在新生兒頭的大小已經是身長的4分之1，使分娩成為困難和痛苦的事情。頭再大，身體再小，母親恐怕就無法把孩子生下來了，因此不會出現大頭小身體的人類。

地球上的人類或許會合併為一個種族

生物的物種是由於地域隔絕而形成的，人也一樣。而現在世界各地的人之間交流日趨頻繁，不同種族之間的通婚也越來越普遍，而且這種趨勢還在繼續。中國的漢人就是由歷史上多個民族融合而成的；拉丁美洲的人主要是由印第安人、歐洲人和非洲人混血形成的；美國的居民除了原住民印第安人，主要來自世界許多國家，種族間通婚也已經非常普遍，成為民族的大熔爐。

如果時間足夠長，一些人數少的民族會逐漸消失，沒有明顯民族區分的人會越來越多，最後可能彙集成為一個種族。

第十二節　將來的人類是什麼樣子的？

語言的種類會減少

隨著人互動的增加和經濟活動的融合，使用主要語言的人會越來越多，少數人使用的語言會逐漸消失。

聯合國目前使用的主要語言只有 6 種，分別為漢語、英語、法語、俄語、阿拉伯語與西班牙語。隨著時間的推移，世界上也許只剩下少數語言還在被使用。

人類有可能分化為不同星球上居住的居民

如果實現了外星移民，就有可能在銀河系的其他星球上建立人類的居住地。每個星球的具體環境不一樣，因此到那裡的人類也要逐漸適應那裡的生活條件。如果在這些星球上居民又長期不大規模來往，就有可能逐漸分化為不同類型的人。例如，大的星球重力場也較強，在那裡生活的人會發展出更強壯的骨骼系統，語言也會逐漸變得不同。

用基因工程技術糾正引起疾病的基因

人類的許多疾病是基因缺陷引起的，在對引起各種疾病的 DNA 序列變化都充分了解並且改變 DNA 序列的技術都成熟時，人們將可以透過基因工程技術消除那些危害人類健康的各種 DNA 序列變異，大幅降低各種疾病的發病率，使人可以普遍活到 120 歲。

第十四章　人類的誕生歷程

用複製技術替換人體幾乎所有受損器官

現在人的器官損壞只能透過器官移植來救治，不僅器官來源受限，而且幾乎不可能找到主要組織性相容抗原（MHC）完全相配的器官（參見第十章第七節），因此在多數情況下都要終身服用免疫抑制劑。

幹細胞技術成熟後，就可以利用病人自己的細胞，在體外培養出幾乎所有的人體器官。不僅替補器官的來源不再受限制，也沒有組織排斥的問題。

人機融合

隨著技術的進步和對人生理過程、特別是對神經系統工作原理的深入了解，也許可以在人身上加上各種附件來增加人的功能。在科幻小說中，智慧生物使用功能強大的機器人外套，裡面由這些生物控制，而這種前景將來有可能實現。例如，穿戴這樣的機器人外套的人可以毫不費力地爬上高山，長途跋涉也不感到疲倦。

實現人的精神永生

當人類思想和記憶的機制被完全了解時，也許可以將人類的思想記憶下載到電腦中，實現人的思想在電子形式上的永生。

如果原本的大腦損壞，也可以在體外用幹細胞技術培養出一個大腦，再把這些資料傳輸回去。透過這種方法，人也可以換腦。

第十二節　將來的人類是什麼樣子的？

人類反過來干預自己演化的過程

在過去，人類演化是透過 DNA 序列的隨機變化再透過自然選擇而實現的，人類無法干預。當人對 DNA 序列的意義完全了解和人為改變人類 DNA 技術成熟時，人類也許能主動控制自己的 DNA，不讓有害的序列變化發生，在受精卵階段就加以修正。

人類還可以對自己的 DNA 序列加以修改，新增人類原來沒有的功能。例如，可以參照鷹眼形成的基因調控過程，修改控制人眼形成的程式，讓人獲得鷹那樣敏銳的視力。也可以參照蜜蜂接收光訊號的機制，讓人能看見的光譜範圍更寬，如看見紫外線。與許多動物相比，人的嗅覺已經大大退化，基因工程也可能增加嗅覺受體的數量，使人有更靈敏的嗅覺。

人還可以對自己的 DNA 進行設計，主動加入新的基因，以適應新環境下對人功能的新需求。

在了解人類控制壽命的具體機制後（參見第十一章第七節），還有可能對人類的 DNA 進行大規模改造，大幅提高人類的壽命。

地球上的生命透過自然過程產生，又透過 DNA 序列變異和自然選擇演化出千千萬萬種生物，而其中的人類又能使用演化過程產生的智力，反過來控制生物的演化，變自然過程為人工過程，這是地球上生物演化的新階段。

第十四章　人類的誕生歷程

參考文獻

[01] Copi C J, Schramm D N, Turner M S. Big-Bang nucleosynthesis and the baryon density of the Universe[J]. Science, 1995, 267: 192-199.

[02] Ring D, Wolman Y, Friedmann N, et al. Prebiotic synthesis of hydrophobic and protein amino acids[J]. Proceedings of National Academy of Sciences U S A, 1972, 69(3): 765-768.

[03] Chen I A, Walde P. From self-assembled vesicles to protocells[J]. Cold Spring Harbor Perspectives in Biology, 2010, 2: a002170.

[04] Emelyanov V V. Mitochondrial connection to the origin of the eukaryotic cell[J]. European Journal of Biochemistry, 2003, 270: 1599-1618.

[05] Eugene V, Koonin E V. The origin of introns and their role in eukaryogenesis: a compromise solution to the introns-early versus introns-late debate? [J]. Biology Direct, 2006, 1: 22.

[06] McFadden G I. Chloroplast Origin and Integration[J]. Plant Physiology, 2001, 125: 50-53.

[07] Kirk D L. A twelve-step program for evolving multicellularity and a division of labor[J]. BioEssays, 2005, 27: 299-310.

[08] Knoll A H. The Multiple Origins of Complex Multicellularity[J]. Annual Review of Earth and Planetary Sciences, 2011, 39: 217-239.

[09] Baldauf S L, Palmer J D. Animals and fungi are each other's closest relatives: congruent evidence from multiple proteins[J]. Proceedings of National Academy of Sciences U S A, 1993, 90(24): 11558-11562.

[10] Stepniak E, Radice G L, Vasioukhin V. Adhesive and Signaling Functions of Cadherins and Catenins in Vertebrate Development[J]. Cold Spring Harbor Perspectives Biology, 2009, 1: a002949.

[11] Devenport D. The cell biology of planar cell polarity[J]. Cell Biology, 2014, 207(2): 171-179.

[12] Turing A M. The Chemical Basis of Morphogenesis[J]. Philosophical Transactions of the Royal Society of London. Series B, Biological Sciences, 1952, 237(641): 37-72.

[13] Roze D. Disentangling the Benefits of Sex[J]. PloS Biology, 2012, 10(5): e1001321.

[14] Bachtrog D, Mank J E, Catherine L. et al. Sex Determination: Why so many ways of doing it? [J]. PLoS Biology, 2014, 12(7): e1001899.

[15] Wuichet K, Zhulin I B. Origins and diversification of a complex signal transduction system in Prokaryotes[J]. Science Signaling, 2010, 3(128): ra50.

[16] Vögler O, Barceló J M, Ribas C, et al. Membrane interactions of G proteins and other related proteins[J]. Biochimica et Biophysica Acta, 2008, 1778: 1640-1652.

[17] Forterre P. Defining Life: The Virus Viewpoint[J]. Origin of Life and Evolution of Biospheres, 2010, 40: 151-160.

[18] Travis J. On the origin of the immune system[J]. Science, 2009, 324(5927): 580-582.

[19] Robinson I, Reddy A B. Molecular mechanisms of the circadian clockwork in mammals[J]. FEBS Letters, 2014, 588(15): 2477-2483.

[20] Arendt D. Evolution of eyes and photoreceptor cell types[J]. The International Journal of Developmental Biology, 2003, 47: 563-571.

[21] Marshall K L, Lumpkin E A. The Molecular Basis of Mechanosensory Transduction[J]. Advances in Experimental Medicine and Biology, 2012, 739: 142-155.

[22] Ling F, Dahanukar A, Weiss L A, et al. The Molecular and Cellular Basis of Taste Coding in the Legs of Drosophila[J]. The Journal of Neuroscience, 2014, 34(21): 7148-7164.

[23] Basbaum A I, Bautista D M, Scherrer G, et al. Cellular and Molecular Mechanisms of Pain[J]. Cell, 2009, 139(2): 267-284.

[24] Baraniuk J N. Rise of the Sensors: Nociception and Pruritus[J]. Current Allergy and Asthma Reports, 2012, 12(2): 104-114.

[25] Low P. The Cambridge Declaration on Consciousness [C]// Francis Crick Memorial Conference on consciousness in Human and nonhuman animals, Cambridge, 2012.

[26] Koller D, Wendt F R, Pathak G A. Denisovan and Neanderthal archaic introgression differentially impacted the genetics of complex traits in modern populations[J]. BMC Biology, 2022, 20: 249.

參考文獻

[27] Stock C T. Are humans still evolving? [J]. EMBO Reports, 2008, 9(Suppl 1): S51-S54.

[28] Hawks J, Wang E T, Cochran G M, et al. Recent acceleration of human adaptive evolution[J]. Proceedings of National Academy of Sciences U S A, 2007, 104(52): 20753-20758.

本書部分參考資料來自美國國家生物技術資訊中心（The National Center for Biotechnology Information）網站和維基百科（Wikipedia）。

書中圖片來自原始研究文獻以及 Microsoft Bing。

生命進階──從繁殖機制到意識誕生：
有性生殖 × 免疫系統 × 感覺行為 × 人類演化，進入高階生命的內在結構

作　　　者：	朱欽士
發　行　人：	黃振庭
出　版　者：	沐燁文化事業有限公司
發　行　者：	崧燁文化事業有限公司
E - m a i l：	sonbookservice@gmail.com
粉　絲　頁：	https://www.facebook.com/sonbookss/
網　　　址：	https://sonbook.net/
地　　　址：	台北市中正區重慶南路一段 61 號 8 樓

8F., No.61, Sec. 1, Chongqing S. Rd., Zhongzheng Dist., Taipei City 100, Taiwan

電　　　話：	(02)2370-3310
傳　　　真：	(02)2388-1990
印　　　刷：	京峯數位服務有限公司
律師顧問：	廣華律師事務所 張珮琦律師

-版權聲明-

原著書名《生命簡史：从尘埃到智人》。本作品中文繁體字版由清華大學出版社有限公司授權台灣沐燁文化事業有限公司出版發行。未經書面許可，不得複製、發行。

定　　　價：350 元
發行日期：2025 年 07 月第一版
◎本書以 POD 印製
Design Assets from Freepik.com

國家圖書館出版品預行編目資料

生命進階──從繁殖機制到意識誕生：有性生殖 × 免疫系統 × 感覺行為 × 人類演化，進入高階生命的內在結構 / 朱欽士 著 . -- 第一版 . -- 臺北市：沐燁文化事業有限公司，2025.07
面；　公分
POD 版
原簡體版題名：生命简史：从尘埃到智人
ISBN 978-626-7708-36-1(平裝)
1.CST: 分子生物學
361.5　　　　　114008145

電子書購買

爽讀 APP　　臉書